U0515134

二战德国末日战机丛书

极穹御风

Ta 152

高空战斗机全史

杨剑超 著

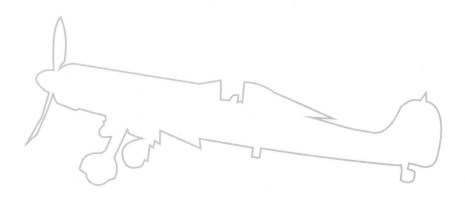

WUHAN UNIVERSITY PRESS
武汉大学出版社

图书在版编目(CIP)数据

极穹御风:Ta 152 高空战斗机全史/杨剑超著. —武汉:武汉大学出版社,2024.6

二战德国末日战机丛书

ISBN 978-7-307-23784-1

Ⅰ.极…　Ⅱ.杨…　Ⅲ.第二次世界大战—歼击机—历史—德国　Ⅳ.E926.31-095.16

中国国家版本馆 CIP 数据核字(2023)第 110225 号

责任编辑:蒋培卓　　　　责任校对:汪欣怡　　　　版式设计:马　佳

出版发行:**武汉大学出版社**　　(430072　武昌　珞珈山)

(电子邮箱:cbs22@whu.edu.cn　网址:www.wdp.com.cn)

印刷:武汉中科兴业印务有限公司

开本:787×1092　1/16　印张:13.75　字数:337 千字　插页:2

版次:2024 年 6 月第 1 版　　2024 年 6 月第 1 次印刷

ISBN 978-7-307-23784-1　　　定价:69.00 元

目　　录

第一章　Ta 152 发展始末

1943 年，随着战争进入白热化，德国空军发现当前的战斗机已经暴露出明显问题：在这个阶段，梅塞施密特股份有限公司的 Bf 109 和福克-沃尔夫飞机制造股份有限公司的 Fw 190 的性能已经显得不足。而且此时德国主要的发动机公司在发动机功率增长上遇到了困难，它们的现有型号缺乏改进潜力，不能应对未来可能出现的盟军新型战斗机。

已经开展的研发项目不少，其中不乏比较激进的设计，但也面临着各种问题，短时间内无法投入生产。在这种情况下，帝国航空部终于下定决心寻求快速解决方案，要求必须利用已有飞机(即 Bf 109 和 Fw 190)的组件构造新的战斗机。两家对应的制造商，梅塞施密特和福克-沃尔夫参加了竞标，后者取胜，其结果即为 Ta 152。

作为临时解决方案，Ta 152 的准备过程相当快，在 1944 年末便开始小规模生产。它大量使用 Fw 190 系列的组件，就研发和生产准备速度来说相当不错。

同时，Ta 152 是 Fw 190 系列的最后改进型，也是德国单发活塞战斗机的最后一种主要型号。但在战争的最后几个月里，Ta 152 没有发挥多少作用，它的生产时间太晚。而且因为设计方向问题，这个型号也没有达成预期目标。然而在战争结束后，Ta 152 反而成为一种象征性的飞机，得到诸多美誉，经常被认为具有强大的性能，甚至被称为"活塞战斗机的巅峰"，但它本身并非如此。Ta 152 系列在发展路线上占着"最终"这个位置，这个位置给人造成了太多错觉，以至于让人难以真正认识到它究竟是什么样的飞机。

本书将从更为实际的方向阐述这个过渡性的型号，并重新审视它的设计目标、技术细节，还有发展过程和服役历史。尽力褪去那些毫无意义的光环，还原 Ta 152 的本质。

第一节　从 Fw 190 到 Ta 152

从 20 世纪 20 年代开始，福克-沃尔夫公司设计了多种军用和民用飞机，其中包括 Fw 56、Fw 159、Fw 187 这几个战斗机设计方案。但这些型号之中，要么只有少量生产，要么停留在原型机阶段，而真正让该公司名垂青史的是 Fw 190。

作为德国空军的两种主要战斗机之一，Fw 190 的突出特点是宝马风冷发动机。自第一次世界大战以来，风冷发动机便广泛运用于各种飞机，这类发动机的主流汽缸布局是星形，通常只有一排或两排汽缸，相对于直列构型，这种形式便于散热。星形风冷发动机的排量大，功率也较大，但迎风面积也很可观，会显著增加飞机尺寸。与之对比，直列汽缸的液冷发动机在第一次世界大战之后有了长足进步，到了20世纪30年代中期已经具有很多优势，主要优点是高单位功率、迎风面积小、单位油耗率低。基于发动机的特点，在这个时期，欧洲的航空业界存在着某种共识：使用液冷发动机的战斗机的性能更好。

德国两个主要的发动机公司——戴姆勒-奔驰股份有限公司（Daimler-Benz AG）、容克斯飞机和发动机公司（Junkers Flugzeug-und Motorenwerke AG）也都致力于设计生产液冷发动机，巴伐利亚发动机制造厂股份有限公司（Bayerische Motoren Werke，缩写BMW，即宝马）曾经也是液冷发动机生产商，但在帝国航空部的引导下，宝马开始转向气冷发动机路线。由于德国在这方面缺乏技术基础，该公司先从许可生产美国发动机打底，接着与布拉莫（Bramo）公司合作研发，最终并购布拉莫，将德国的风冷发动机技术资源整合到了一起。在这段时间里，德国空军已经决定采用Bf 109，它使用的是奔驰的DB 601发动机，后来转用升级过

后的DB 605，使用同样发动机的双发Bf 110也很快服役。

1937年，德国空军决定招标新战斗机，作为Bf 109的补充。福克-沃尔夫公司参加竞选，并且提出了多种方案。理所当然的，其中多数基于液冷发动机。当时DB 601是德国最好的量产型液冷发动机，但奔驰的生产能力有限，如果福克-沃尔夫以这种发动机为基础设计飞机，几乎不可能得到采用。虽然同时可用的还有容克斯公司的Jumo 211发动机，然而这个型号性能略低，当时主要用于轰炸机等机型，倘若战斗机安装Jumo 211，势必性能不足以与Bf 109竞争。恰好此时宝马的新型风冷星型发动机BMW 801正在研制之中，而且逐步取得进展，于是基于风冷发动机的设计方案获得了胜利。

第一架Fw 190原型机（工厂编号0001）在1939年6月1日首飞，试飞员是汉斯·桑德（Hans Sander）。此时，尚无人能想象到Fw 190在未来取得的成就。

Fw 190的基础设计是出色的，紧凑而高效，但发展过程并非一帆风顺。到了1941年2月，

预生产型Fw 190A-0，Fw 190系列的开端。

Fw 190A-4，A 系列中飞行性能较好的一个型号，而后的改型越来越重，发动机功率却跟不上。

第一批预生产型飞机完成，此时还有很多毛病需要改善，宝马发动机故障百出，而且经常过热。最为严重的问题解决之后，在 1941 年 8 月，首批生产型飞机交给了第 26 战斗机联队。这个联队驻扎在英吉利海峡岸边，对岸就是皇家空军的战斗机场站。

BMW 801 风冷星型发动机排量颇大，让 Fw 190A 看上去比较壮硕，但同时也赋予了它良好的性能，使其很快便成为各种盟军战斗机的致命对手。在盟军新战斗机大量服役之前的这段时期里，A 系列取得了出色的成绩。而且 Fw 190 不仅在空战上表现突出，它的多用途性能也明显超过 Bf 109，在内置航炮、外挂性能、油箱容量这些方面有很大优势。

福克-沃尔夫的主设计师，库尔特·谭克（Kurt Tank）博士当然明白一个简单的道理：Fw 190 必须继续改进并提高性能，才能满足未来的战斗需求。此时新问题出现了，经过了磕磕绊绊的早期发展之后，宝马发动机的功率看来已经不可能在短期内有大幅度提升。战前航空业界的共识大致是正确的，风冷发

Fw 190 服役时，Bf 109 进化到了 F 型。这个型号的发动机罩、散热器、机翼等都有改进，飞机通过气动优化和增加功率提高了性能，在盘旋和爬升性能上优于 Fw 190A。

动机不仅阻力大，而且很难再提升热交换性能。BMW 801 的散热问题反复发作，而稀有金属供应不足，又使得发动机组件的耐用性难以提升，堆积起来的各种问题让宝马公司花了大量精力去解决。BMW 801 发动机功率什么时候才能有大幅度改进，以提高 Fw 190 飞行性能，谭克博士完全没有谱。

所以早在 1941 年末，谭克博士便开始计划给 Fw 190 安装其他更强力的发动机。此时几个德国发动机公司有各种各样的发动机原型机和计划方案，但说到可以量产并且供应给战斗机装备上，只有两种较新的发动机可供选择：容克斯的 Jumo 213 和戴姆勒-奔驰的 DB 603。这两种都是倒置 V12 构型液冷发动机，与风冷发动机不同，它们需要散热器给冷却液降温。

在散热器这个方面，德国人有一项技术优势。容克斯公司此前已经在 Jumo 211 型发动机上有了"动力蛋"式设计，即将散热器做成环形，

库尔特·谭克博士与沃尔特·诺沃特尼（Walter Nowotny）的合影。

安装在发动机前方，让发动机和散热器组成一个尺寸比较紧凑的动力包。这种形式让风冷发动机的飞机更容易改为液冷发动机，而后奔驰发动机也会采取同样的配置。此时仅从输出功率的角度看，这两种发动机并不比宝马

谭克博士标准照，摄于 1941 年 3 月。

发动机强多少，但它们更有潜力。

按照不同的功能和配置，福克-沃尔夫公司制订了 Fw 190B/C/D 三个新系列计划，B 系列准备使用废气涡轮增压的宝马发动机，而后很快便取消了该设计。后两个系列分别使用以上两种液冷发动机，但在 1942 年 4 月的时候，福克-沃尔夫公司只指定了 1 架原型机作为发动机测试台，即 Fw 190 V19 号，该机在日后将发挥巨大作用。

1942 年 5 月 20 日，帝国航空部代表要求梅塞施密特和福克-沃尔夫两个公司设计高空截击机，主要用途是截击敌军轰炸机和作为高空侦察机使用。但此时德国尚无真正可用的高空型发动机，这是因为按照帝国航空部在战前的估计，空战不会发生在太大高度上，所以当前大规模量产的高性能发动机都搭配一级增压器，临界高度在 6 公里左右。此时德国也有少量服役的二级增压型号，即 Jumo 207 对置活塞柴油发动机，这种发动机有一级机械增压器加一级废气涡轮增压器。Jumo 207 是给高空侦察机使用的发动机，它的汽缸基础布局不适合给战斗机安装，而且功率指标不足，无法提供战斗机所需的性能。剩下的高空型发动机都是在研的

现存的容克斯 Jumo 213A 发动机，增压器位于发动机右后方。德国空军要求能使用轴炮，较大尺寸的增压器就只能放在侧面，让位于发动机后方的轴炮能通过发动机中央的管道射击。从这个角度可见增压器入口的旋转节流阀，这是 Jumo 213 的特色。

同样是现存的奔驰 DB 603E 发动机，与 Jumo 213 相比，最明显的视觉特征是增压器位于发动机左后方。奔驰发动机没有入口的旋转节流阀，从这个角度看到的是增压器叶轮导流叶片。

型号，所以实际可行的临时措施只有给 Bf 109 和 Fw 190 安装 GM1 系统，在发动机临界高度以上通过喷射氮氧化合物提高输出功率。

到了 7 月，福克-沃尔夫公司终于决定给两种液冷发动机制作更多原型机：使用奔驰发动机的为 9 架，使用容克斯发动机的为 3 架。为了应对高空战斗机方案的要求，福克-沃尔夫公司首先在 7 月 23 日提出搭配废气涡轮的 DB 603 发动机方案。

同年 9 月，福克-沃尔夫公司按照航空部要求开始设计双发双座木制战斗机，该机被命名为 Ta 211。这是谭克博士第一次用他自己的名字首字母命名飞机，而后由于一系列编号变动，Ta 211 变成了 Ta 154，此外还拿到了 152 和 153 的编号。

9 月 26 日，第 1 架安装 Jumo 213 发动机的原型机 V17 号首飞，仍然由桑德驾驶。该机机身基于 Fw 190A-0 型，安装了早期批次的 Jumo 213A-0 发动机。与此同时，梅塞施密特公司正在对 Bf 109 进行大规模改进，作为他们的高空战斗机设计方案。首先是改动幅度最小的方案，即 Bf 109H 型。其次是改动更大的型号，即第二代 Me 209。最后是基于舰载战斗机 Me 155 的新设计，编号为 Me 155B 的高空改型也参与了进来。

由于奔驰新发动机的发展进度缓慢，而容克斯方面却比较顺利，福克-沃尔夫重新修正了原型机计划，有 8 架飞机会使用 Jumo 213 发动机，接下来的日子里，这一批原型机成了 Fw 190D 系列的基石。

1942 年夏季，为了应对航空部的标准昼间战斗机计划，福克-沃尔夫完成了一种全新设计，

安装在 Fw 190D 上的 Jumo 213A 发动机。几种不同的液冷发动机都以这种形式安装，用圆筒形的大整流罩包裹起来，散热器位于机头，进气口凸出于机身侧面。

Fw 190 V13 号原型机，这是第一架安装液冷发动机的 Fw 190。它的发动机是 DB 603A 型，机头是环形冷却液散热器，下方的进气口是滑油散热器。

Fw 190 V18 号原型机，可见机腹的涡轮整流罩、凸出在机身外的排气收集管、机腹整流罩前方的进气管，这些组件大量增加了空气阻力。

V18 号原型机侧前方照片，散热器的布局和 V13 号一样。

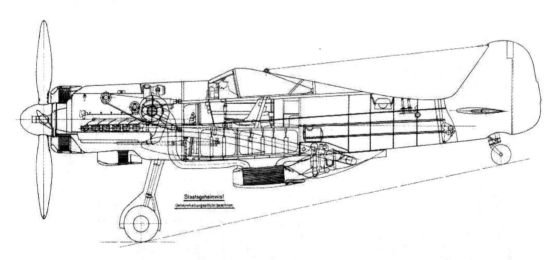

废气涡轮安装方式解剖图，机腹整流罩不仅包括涡轮，还有中冷器。进气先通过涡轮增压器增压，流过中冷器，再向前流入机身内，最后在发动机机械增压器进行第二次增压。

同样基于 Jumo 213 发动机，其他几种奔驰发动机作为备选型号。在编号变动的事件过后，这个设计被正式命名为 Ta 153。Ta 153 实际上源于 Fw 190 ra4 研究设计案，布局与 Fw 190D 系列类似，但经过了更好的修形，飞机的机翼和机身都是全新设计，内部组件也是如此。此外 Ta 153 计划安装的武器特别多，包括 6 门 20 毫米航炮和 30 毫米轴炮。

到了 1942 年末，V17 号原型机已经经过了多次试飞，提供了不少数据。其中重点之一是

Jumo 213 发动机导致机头增长，重心前移，而使飞机的航向稳定性不佳。为了平衡重心，福克-沃尔夫公司在后机身和机尾之间增加了 500 毫米的延长段，将整个机尾向后移动，这个延长段后来成了所有 D 系列和 Ta 152 系列的标准配置。

同样是在这段时期，"高空战斗机 2"项目正在进行中，这个项目通过给 Fw 190 安装废气涡轮增压器来提高飞机的高空性能。总共有 6 架原型机用于项目测试：V18、V29、V30、V31、V32、V33 号，这一批飞机将改装 DB 603S 发动机和废气涡轮。此外这些原型机的翼面积也会增大到 23.5 平方米，以强化高空飞行性能，同时还要增大垂尾，以保证航向稳定性。

1943 年 1 月，V18 号原型机改装完毕，在该月 23 日首飞。而后其他 5 架飞机也在 3 月至 4 月改造完成。Fw 190 在设计之初没有考虑过安装废气涡轮，而且飞机内部结构安排得太紧凑，改装时只能将涡轮增压器放在机腹的大型鼓包内。排气收集管也无法从机身内通过，最后被直接安装在机外，从排管收集废气之后，从上方越过翼根通往机腹位置的涡轮。

这个设计被形象地称为"袋鼠"，暴露在外的组件产生了很多额外阻力，导致飞机速度下降了 40 到 50 公里/时，对飞行性能的影响过大。整套动力系统的临界高度约为 11500 米，但由于座舱密封不严，飞机实际上无法在这个高度作战。此外，虽然涡轮的基础设计不错，但没有使用性能足够好的耐高温钢材，测试中多次损坏。

帝国航空部虽然对 Ta 153 很有兴趣，但兴趣越来越弱，他们有理由迟疑——全新设计需要全新生产线，需要花更多时间构建，而且此时梅塞施密特的新战斗机设计也还在正常进行中。谭克博士在 3 月时意识到了这点，而且他

还了解到 Me 209 有大约 65% 的组件与标准的 Bf 109G 系列相同。航空部显然会倾向于更容易生产的方案，于是谭克决定按照这个原则对新飞机进行大幅度修改。

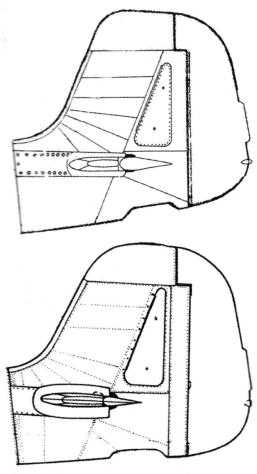

给 Ta 153 设计的大型垂尾，后来在 Fw 190 V32 号原型机上变成了下面图的形式，形状和结构稍有不同。

新设计在 Fw 190 的基础上改动较多，但仍然有大量留用的组件。飞机确定要采用环状机首散热器设计，以尽量减少结构变动。这种设计确实可以避免在机腹或机翼下安装散热器，导致这些组件要重新设计，但也会带来其他的问题。例如初步设计时，散热系统的稳定性问

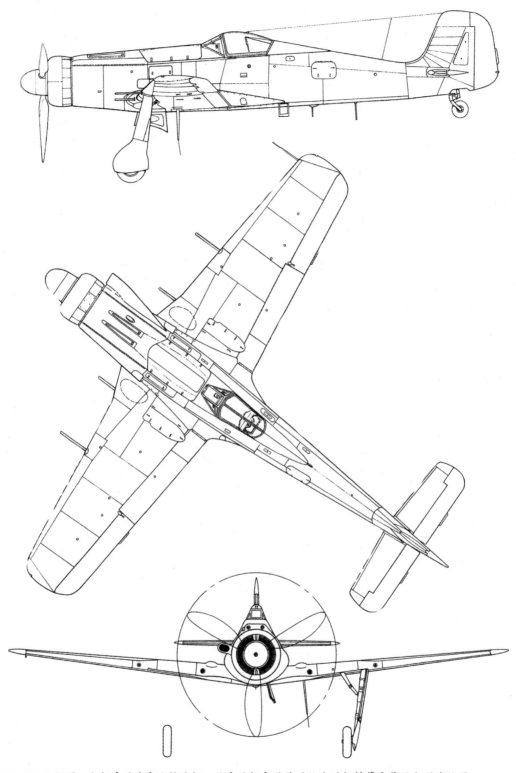

Ta 153 三视图，新机身的线条比较流畅。注意该机在设计时给发动机排管安装了大型消焰器。

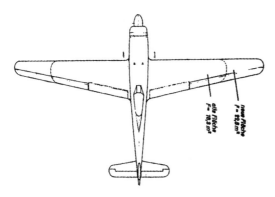

Fw 190H 设计草稿，通过延长机翼外段来增加翼面积和展弦比。右侧文字是两种机翼的面积：18.3 平方米和 22.5 平方米。注意在这个草图上，机翼前缘几乎完全平直。

题先浮上水面。接下来 Ta 153 的全新机身被整个换掉，以已有的 Fw 190A 系列为基础，添加延长段来重新构建，新机翼也改为老机翼增加中央加宽段的设计。设计工作继续向前推进，此时备选发动机也增加了，虽然主要型号仍是 Jumo 213 和 DB 603，但两家公司规划了多种改型，它们将提供更强的动力。

1943 年第一季度里，福克-沃尔夫还有一个平行的项目——以 Fw 190B 系列为基础，扩大机翼面积到 22.5 平方米，这是 Fw 190 Ra 6 研究方案的衍生品。在 4 月中旬，该项目改名为 Fw 190H-1，H 表示它是一种高空战斗机。这个

型号的设计要素包括 3 门航炮，其中 2 门翼根 MG 151，1 门 MK 108 轴炮。机身经过加长，机翼同 Fw 190 V19 原型机，在翼尖上额外增加延长段，将翼展扩大到 14.8 米。到了 4 月末，该项目放弃继续开发，让位给更好的新方案。

在 4 月里，新方案机型确定为三种：标准战斗机、战斗轰炸机、高空战斗机，同时为了进一步简化生产流程，暂定所有型号都使用 Jumo 213A 发动机。到了 1943 年 5 月，谭克博士向航空部技术局上交更新后的方案，这就是 Ta 152 设计原始案。用于进行初步测试的原型机准备也开始了，第一架飞机就是之前提到的发动机测试台——Fw 190 V19 号原型机，它将接受一些改装，在技术上尽量靠近 Ta 152 的标准。

同样是在这个月，Me 262V4 原型机首飞。战斗机部队总监加兰德对这种新飞机极其钟情，很快便带头写了一封信给航空部，要求取消 Me 209，加快 Me 262 计划。喷气战斗机即将加入战争，但现在它还没有能力取代活塞战斗机。

帝国航空部在 7 月的时候开始警惕起来，可能是因为希特勒召开的特别会议，现在两个主要战斗机生产商已经花了太多时间，他们做

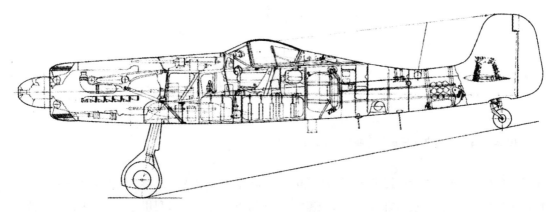

绘制于 1943 年 4 月 28 日的线图，这是 Ta 152H 最早的一张设计图。

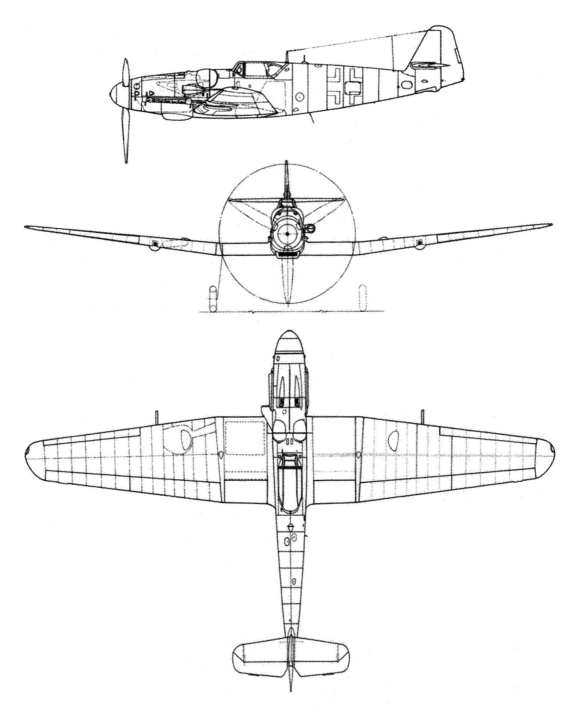

Bf 109H 三视图，机翼中段拼接部分非常明显。

了很多方案和计划，却没能提供任何一种可用的新战斗机。航空部的技术官员与梅塞施密特和福克-沃尔夫讨论了他们的标准和高空战斗机计划，并要求两个公司尽快提出解决方案，还明确规定必须尽量利用已有型号的组件，减少设计变动。

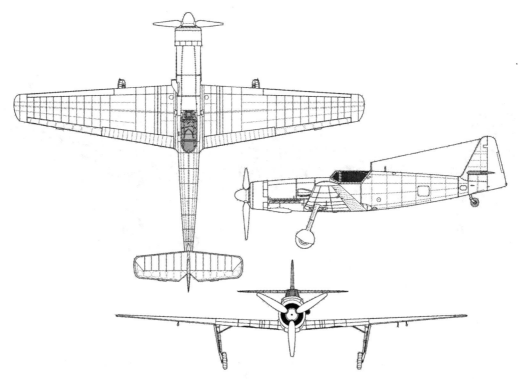

Me 209 三视图，这个设计的新组件比 Bf 109H 更多。

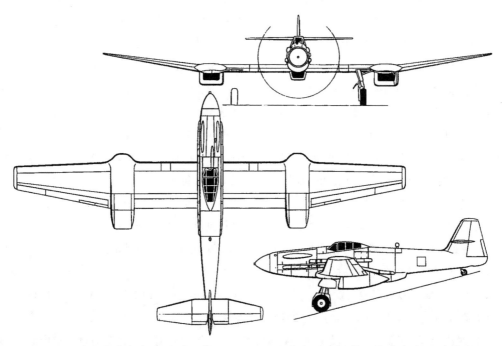

BV 155 三视图，这是个全新设计。在 Me 155B-1 设计阶段，机翼下共有 8 个小型散热器，
BV 155 设计时将其简化为 2 个机翼中段的大型散热器。

Me 209 V5 号原型机，新发动机舱和大型垂尾相当醒目。

于是每个公司都只剩两种方案可选，梅塞施密特是 Bf 109H 和已经受到加兰德影响而预定取消的 Me 209，福克-沃尔夫是 Fw 190D 和 Ta 152。在 7 月的会议中，航空部的技术军官还讨论了高空战斗机的问题，福克-沃尔夫公司提出了"高空战斗机 2"项目，以及有潜力的 Ta 152H 设计。但到目前为止，前者并不令人满意，后者还只是设计方案。8 月 25 日，经过航空部同意，福克-沃尔夫决定将 Fw 190H 方案限制在只用 DB 603G 发动机，将 Jumo 213 发动机配给 Ta 152 系列，现在这个系列被称为 Ta 153 简化版。

谭克博士选定了 Fw 190D 作为临时解决方案，这个方案在 8 月初获得航空部通过，它将演化为后来的 Fw 190D-9。然而好景不长，与梅塞施密特博士私交甚好的元首横插进来，按照希特勒的命令，Me 209 计划要恢复。

于是在 8 月 13 日，航空部进行了 Me 209 和 Ta 153 的对比会议，此时前者还没首飞，后者的原型机刚飞行过几次，这次对比提出的性能指标完全是空对空的状态。参会的人员提出按照计算数据，Me 209 要比 Ta 153 快 7～12 公里/时。双方在其他各方面有所差异，但都没有明显优势。加兰德也参加了会议，他认为 Ta 153 更好一些，并且要求两种型号都要进行空战测试。其他人也提出了一些论点，其中比较重要的可能是预计 Me 209 花费更少。

讨论完毕后，会议决定放弃 Ta 153 项目而继续 Me 209 项目，但不得影响 Me 262 项目。加兰德还另外要求给 DB 605 安装 DB 603 的大型增压器，以提高 Bf 109 的高空性能，这个改装方案预计每个月完成 500 台。加兰德的主意相当不错，比新发动机和二级增压器都现实，也能提供足够的高空性能。按照此要求，奔驰开始开发 DB 605AS 发动机，但工程上的细节问题仍有很多，结果又过了一整年才安装到 Bf 109 上，对应后来的 Bf 109G-6/AS、G-14/AS 这几个型号。

在德国人忙于开会的时候，空中战役的转折点到来了。1943 年 8 月 17 日，美国陆航第八航空军执行第 84 号任务，目标是梅塞施密特在

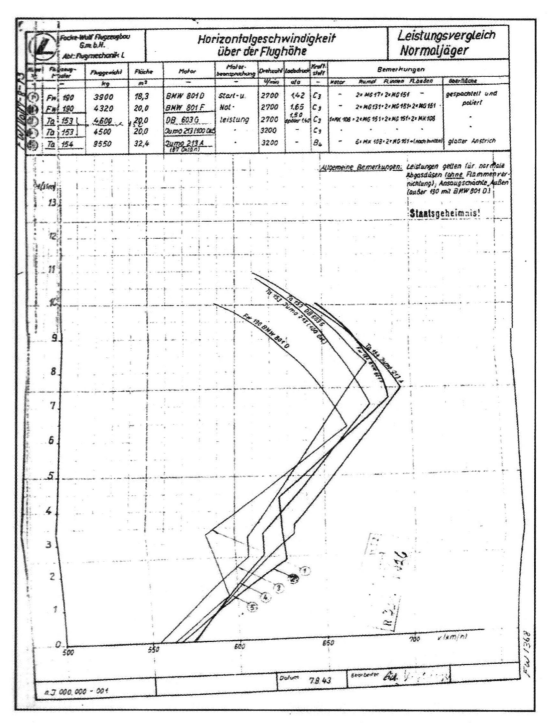

1943 年 8 月 7 日，福克-沃尔夫旗下几种型号的估算速度包线。表头的项目从左至右分别是飞机型号、全重、机翼面积、发动机型号、功率挡位、转速、进气压、燃料、武器装备。其中的 Ta 153 包括奔驰和容克斯两种发动机，都使用 C3 汽油。在起飞和应急功率下，速度不超过 700 公里/时，不过都要比使用 BMW 801D 的标准 Fw 190 更好一点。

雷根斯堡(Regensburg)的工厂，以及施韦因富特(Schweinfurt)的轴承工厂。这是迄今为止最深入德国境内的空袭，也是规模最大的一次，可以说是美国昼间精确轰炸策略的关键测试。

有 315 架 B-17 轰炸了雷根斯堡，投下的724 吨炸弹对工厂造成相当大损伤，几乎所有重要建筑都被毁或受损，施韦因富特的两个主要轴承厂房吃了 80 枚炸弹。第八航空军的损失也创下纪录，总共 60 架轰炸机损失，即全部飞机的 19%。

在这次任务中，美国陆航和皇家空军出动了 200 多架战斗机护航，轰炸机返回时也有相同规模的大机群迎接。但这些战斗机没有起到任何作用，P-47 和"喷火"的航程太短，德国战斗机可以在它们的作战半径外随意拦截轰炸机。

过去一整年里，德国空军的领导者们一直担心美国重型轰炸机的威胁，他们认为美国人会在超过 7620 米(即 25000 英尺，B-17 设计轰炸高度)高度轰炸，防空炮和截击机都很难拦截。但第 84 号任务的轰炸高度却是 5200 至6100 米，并未高于德国战斗机的临界高度，这个作战高度让德国战斗机可以轻松地发挥作战性能，很容易进行拦截作战。

虽然 B-17 在载弹时的使用升限可以到10000 米左右，但这样的理论数据很难用于实战。因为超过 7620 米之后，飞机爬升率下降得过于严重，爬升耗时非常长，而且飞机没有增压座舱，无法保障机组的战斗力。此外随着飞行高度增加，投弹精度也在降低，各种因素加到一起，美国轰炸机经常在低于设计的高度进行轰炸，实际上不能达到帝国航空部和德国空军的预期。

空袭结束后，戈林得知轴承工厂管理层并未努力分散这个特殊工业，他觉得难以置信。总的来说，这次轰炸对双方都造成了很大打击，

显然都需要新方法来避免重蹈覆辙。如果要维持这种轰炸高度，那就需要全程战斗机护航，而且轰炸任务要更注重紧凑编队和改善机枪手射术，而不是复杂的隐蔽和欺骗计划。德国人则认识到，如果轰炸高度继续增加，那么现有的 Bf 109 与 Fw 190 便不能再轻松拦截——它们的临界高度在 6~7 公里，超过这个高度后性能就会下降。

到了 10 月初，福克-沃尔夫正在准备Fw 190D 型的生产，谭克博士希望航空部能同意优先发展 Ta 152A 型，但没成功。航空部想尽量避免全新型号带来的风险，不想危及正在生产的 Fw 190A 和 Bf 109G 两种型号。

此时 Ta 152 系列设计案包括几种型号：标准战斗机 A 型，重型战斗机和战斗轰炸机 B 型，侦察机 E 型，高空战斗机 H 型。所有飞机都安装 Jumo 213A 发动机，DB 603 发动机仍作为备选。福克-沃尔夫公司还在游说推销 B 型作为新的战斗轰炸机，但航空部认为现有的 Fw 190F型到 1944 年仍然足够使用，结果年内没有作出决定是不是要投产 A、B 两个型号。此外，航空部选中了 Ta 152 作为新侦察机的基础机型，因为以前预定的 Fw 190E 侦察机没能量产，Ta 152E 可以填补空缺。不过是否生产 E 型还没有最终决定，因为其他单发战斗机也可以改装成侦察机作为临时措施。

在梅塞施密特公司那一边，在整个 1943 年夏季，新型活塞战斗机项目一直加紧进行。但由于各种原因造成的延误，一直拖到了 1943 年11 月 5 日，Bf 109 V54 号原型机才开始测试。该机在机翼中央增加了一个矩形的翼段，将翼展增加到 13.26 米，翼面积为 21.9 平方米，展弦比增大不少，有效增加了升力系数。飞机平尾面积也有所增加，起落架轮距扩大，以改善被人诟病已久的地面操纵性。而后 Bf 109 V55

1943 年 10 月 9 日，第八航空军轰炸了德国东北和东部多个目标，包括马里恩堡（Marienburg）的福克-沃尔夫工厂。这是轰炸马里恩堡时拍摄的照片，德国空军集中拦截了其他编队，飞往马里恩堡的 B-17 只有 2 架被击落。

号原型机也参加了测试，两机在测试中达成 14300 米升限，打开 GM1 喷射系统的情况下，飞机在 12600 米高度达到 580 公里/时的平飞速度。飞机的升限很好，但这个速度指标最多只能说勉强过得去，更大的问题是 V54 号原型机的飞行特性很差，滚转、俯仰、航向都是如此。机翼产生了意外的震动，导致整个机翼有震颤的倾向，很多试飞员都批评过该机的飞行特性。在这种情况下，到了 1944 年，梅塞施密特还想推行侦察改型 H2/R2 进入生产，但最终没有成功。

Me 209 原型机在 1943 年 11 月 13 日首飞，飞行比较成功，暂时没有严重操纵性问题出现。这个型号使用了机头环形散热器设计，而非

Bf 109 传统的翼下散热器，还有全新的机尾，包括加大面积的垂尾，最后主翼也是新设计，而非 Bf 109 的机翼拼接加长。此时仍然没有二级增压的奔驰发动机可用，原型机先使用 DB 603A 试飞，而后改为 DB 603G 型。

Me 209 首飞之后 10 天，Fw 190 V20 号原型机首飞，这是 Ta 152 的第 2 架原型机，发动机是 Jumo 213C。按照容克斯的设计计划，C 型是可安装轴炮的战斗机用型号，此时也是原型机状态。

终于在 12 月 7 日，航空部发来了 Ta 152H 原型机订单，这些飞机将在科特布斯（Cottbus）生产，代表 Ta 152H-0 型的技术状态。为了加快研发流程，福克-沃尔夫公司决定从"高空战斗

V20 号原型机侧视图，隐约可见机尾延长段。此时还是普通发动机排管，而后才改为大型消焰器。

V20 号原型机的前视和后视照片。

机 2"项目中抽调原型机，改成 Ta 152H 测试机。

安装了消焰器的 V20 号，发动机排气通过一个大型
排口向后方排放。

消焰器结构，可见这是在普通排管外部增加了一根
套管。

现存的 Fw 190D-9，D 系列是当时最实用的福克-沃尔夫战斗机，生产性和飞行性能都不错。

　　于是福克-沃尔夫公司重新安排了优先级，根据 1943 年 12 月 20 日上交新的发展优先度表，当下要进行三个型号开发：Fw 190D、Ta 152A、Ta 152 H。可见福克-沃尔夫此时仍然不想放弃 A 型，但航空部毫不动摇地坚持 Fw 190D-9 路线，即便谭克博士只把 D-9 当成临时型号，一直等着 Ta 152 把它换下去。

　　1943 年末，Ta 152 的计划指标如下。

1943 年 12 月 16 日，第 270 号技术规范，Ta 152A/B		
用途	单座战斗机、战斗轰炸机	
构造	单发、悬臂式下单翼、液压收放起落架	
结构强度	设计起飞重量 4400 公斤下，最大载荷系数 6.5G	
发动机型号	Jumo 213A、Jumo 213E 或 DB 603G	
尺寸	翼面积	19.6 平方米
	翼展	11 米
	展弦比	6.17
	垂尾面积	1.77 平方米
	平尾面积	2.89 平方米
	长度	10.784 米
	高度	3.36 米
重量	4460 公斤，Jumo 213A(Ta 152A)	
	4620 公斤，Jumo 213E(Ta 152B)	
	4520 公斤，DB 603G(备选)	
飞机材料	杜拉铝和钢	
正常武器	机身 2 门 MG 151 航炮，每门备弹 150 发	
	翼根 2 门 MG 151 航炮，每门备弹 175 发	
	1 门 MK 108 轴炮，备弹 85 到 90 发	
	或 1 门 MK 103 轴炮，备弹 75 到 80 发	
额外武器	机翼外段 2 门 MK 108 航炮，每门备弹 55 发	
	或机翼外段 2 门 MG 151 航炮，每门备弹 140 发	
	或机翼下挂 2 门 MK 103 航炮，每门备弹 40 发	

第 270 号技术规范数据，安装 Jumo 213A、Jumo 213E 和 DB 603G 的 Ta 152 性能对比		
型号	Ta 152A	Ta 152B	Ta 152
发动机	Jumo 213A	Jumo 213E	DB 603G
起飞功率（公制马力）	1750	2050	1900
1. 轻量武器装备的性能：1 门 MK 108 轴炮、2 门 MG 151 机身炮			
最大速度（公里/时）	682	742	685
最大速度高度（米）	7000	10750	8300
实用升限（米）	11200	12900	12000
海平面爬升率（米/秒）	13.9	14.8	13.2
2. 中等武器装备的性能：在 1 的情况下增加 2 门 MG 151 翼根炮			
最大速度（公里/时）	678	734	676
最大速度高度（米）	7000	10750	8300
实用升限（米）	10900	12600	11680
3. 重装武器性能：在 2 的情况下增加 2 门 MK 108 机翼外段炮			
最大速度（公里/时）	671（692）	728（735）	670（686）
最大速度高度（米）	7000（8000）	10750（13400）	8300（10000）
实用升限（米）	10500	12300	11200

注：情况 3 中括号内数值为使用 GM1 加力时的性能。

第 270 号技术规范数据，安装 Jumo 213A、Jumo 213E 和 DB 603G 的 Ta 152 重量表，单位：公斤		
发动机型号	Jumo 213A	Jumo 213E	DB 603G
后机身、装甲、死油	360	360	360
起落架	295	295	295
尾翼	127	127	127
操纵面	31	31	31
机翼	509	509	509
动力系统和支架	1805	1909	1832
一般装备	193	193	193

第 270 号技术规范数据，安装 Jumo 213A、Jumo 213E 和 DB 603G 的 Ta 152 重量表，单位：公斤			
发动机型号	Jumo 213A	Jumo 213E	DB 603G
专用装备(武器)	384	384	384
配重	—	30	—
结构总重	3704	3838	3731
飞行员	100	100	100
燃料 595 升(B4 或 C3)	440	464	464
润滑油	40	40	40
弹药，机身 2 门 MG 151，各 150 发	67	67	67
弹药，翼根 2 门 MG 151，各 175 发	78	78	78
弹药，发动机 1 门 MK 108，60 发	36	36	36
有效载荷	761	785	785
起飞重量(1)	4465	4623	4516
起飞重量(1)	4465	4623	4516
GM1 设备	38	38	38
GM1 容量 85 升	102	102	102
减少配重	—	−15	—
带 GM1 的起飞重量(2)	4605	4748	4656
起飞重量(1)	4465	4623	4516
翼根换装 2 门 MK 108	175	175	175
MK 108 弹药，每门 55 发	66	66	66
起飞重量(3)，加强武装，无 GM1 设备	4706	4864	4757
起飞重量(3)	4706	4864	4757
GM1 设备	38	38	38
GM1 容量 85 升	102	102	102
起飞重量(4)，加强武装，有 GM1 设备	4846	5004	4897

1944 年 1 月 13 日至 14 日，航空部的代表与福克-沃尔夫公司进行了会谈。实际上帝国航空部在这天迈出了勇敢的一步，直接越过希特勒在去年 8 月的命令，指示同时取消 Me 209 和 Ta 153。当然这对福克-沃尔夫的影响并不大，自从知道 Ta 153 没多少希望之后，这个计划在

公司层面已经被放弃了。主要的问题仍是空军决定只购买高空型战斗机，不要标准的 Ta 152A。

航空部技术局的看法与谭克博士不同，他们认为除了特定的改善以外，新设计与 D-9 相比并无本质差距。结果就是 A 型一直不能继续进行开发，虽然直到 1944 年夏季仍然在开发计划中，但最终仅有 3 架原型机可代表 A 型的技术状态，即 Fw 190 V19、V20、V21 号。

梅塞施密特很不高兴，他和希特勒私交甚好，但到了最后，空军既没有要他的 Me 209，又在临时项目上选择了 Fw 190D，而不是 Bf 109H。梅塞施密特公司只能继续自主推进这两个项目，然而随着 Me 262 的进展和它们本身

问题的暴露，再加上美国人的炸弹，Bf 109H 和 Me 209 的末日即将到来。

1944 年初，航空部要求 Ta 152 的生产准备应当集中在高空用的 H 型上，重型战斗机和战斗轰炸机调低优先度。侦察 E 型也要继续发展，但生产日期尚不确定。

2 月 25 日，第八航空军出动了接近 700 架重型轰炸机，地中海战区的第十五航空军也联合出动，目标是干扰德国战斗机生产，德国多个飞机工厂和轴承工厂遭到轰炸。除了各种量产型号损失，Bf 109 V55 号原型机和 Me 209 的一些关键组件也被毁。而后梅塞施密特利用未受损的 Me 209 V5 号原型机重新设计了 Me 209H-1

编队飞行的 B-17G 重型轰炸机，属于第 381 轰炸机大队。大量重型轰炸机组成的盒子编队在各方面给德国空军和航空部造成了深远影响。

型，准备安装 DB627 发动机，但这个型号在 3 月被奔驰取消，只得用回 DB 603G。这架原型机最后一直拖到诺曼底登陆时才准备好试飞，后继测试表明该机的性能不佳，低于 Fw 190D。试飞结果宣告 Me 209 计划彻底失败，原型机本身则消失在了历史的长河之中，下落不明。而标准战斗机 Me 309 由于性能不足，已经在更早的时候被取消了，梅塞施密特至此不再继续研发高性能活塞战斗机。

此时 Me 155B 已经转交给布洛姆-福斯公司继续开发，名称随之更改为 BV 155。由于这是个全新设计，与航空部的要求完全相反，当时没有希望获得订单。实际上最后该机拖到 1944 年 9 月 1 日才首飞，从时间上来说已经太晚了。

眼下更大的问题是美国战斗机开始依靠副油箱越飞越远，护航范围逐渐靠近德国核心区域。德国人的防空计划曾经过高估计了美国轰炸机的能力，但同时又对护航战斗机的性能进展缺乏认识，没有切实有效的应对手段。

1944 年 3 月发生了很多事，首先是福克-沃尔夫决定将剩下的"高空战斗机 2"原型机也转用于 Ta 152H 项目，此时原计划的 Ta 152 V1 到 V5 号已经取消，转而利用已有飞机改装，这样能加快测试项目开展。这个月里，Ta 152C 型的设计也开始了，该型号利用 H 型的机身，搭配 A 型的短机翼和奔驰发动机，作为新的标准战斗机和战斗轰炸机。

1944 前半年，福克-沃尔夫还在和各发动机公司的代表紧密合作，寻求最合适的发动机。虽然已经确定会先使用 Jumo 213E，但仍在考虑其他型号，包括 BMW 801R、DB 603G/N/L、Jumo 213J、Jumo 222A/B-3/E/F，甚至是法国的西斯潘诺 HS 24Z。因为 HS 24Z 可搭配共轴对转螺旋桨，能消除单螺旋桨造成的滑流效应和扭矩效应，谭克博士注意到了这个型号，但它缺

乏量产的基础。

此外宝马还提出了 P8035 项目，这个项目基于 BMW 801E 型发动机，配搭一个变速废气涡轮增压器。机械增压的 BMW 801R 则在尺寸上比废气涡轮发动机紧凑，但在这方面也有了大幅增长，这个型号预计长度比以前的 BMW 801D 型多 735 毫米，比 Jumo 213E 多 304 毫米，比 DB 603G 长出 61 毫米。按照宝马的计划指标计算，如果 Ta 152C 安装 BMW 801R，能在 11.7 公里高空达到 711 公里/时的速度，爬升到 11 公里只需要 11.7 分钟。

在奔驰公司方面，他们决定集中资源研发 DB 603G 和 L 型，前者的改动相对较小，只有一级增压器，高空性能提升比较有限。后者有二级增压器和中冷器，性能更合适给航空部期望的高空战斗机使用。

实际上，航空部已经在 3 月中旬发出过指示："给 Ta 152 和 Ta 154 计划提供 12 台 DB 603L 发动机使用。"讽刺的是，尽管奔驰尽力研发新型号，最终只有 1 台 DB 603L 型原型机交付给了 Ta 152 项目。同病相怜的是福克-沃尔夫也没有余力，安装 DB 603 的 Ta 154 飞机根本就没存在过。

而后福克-沃尔夫收到了宝马发来的发动机蓝图和计划指标，尽管宝马实际上没能力投产 BMW 801R 型，但福克-沃尔夫还是将安装这种发动机的 Ta 152C 列入了生产计划。

在 3 月里，航空部技术局还对两种新型活塞飞机进行了一次对比研究，这次是两个竞争性不那么强的型号：双发的 Do 335 对单发的 Ta 152。Do 335 是一种推拉布局的双发重型战斗机，十字形的垂尾和平尾，道尼尔公司（Dornier Flugzeugwerke）给出的性能指标相当不错。技术局认为，在同样的 1 门 30 毫米炮和 2 门 20 毫米炮武器配置下，两台 DB 603 发动机

（与 Ta 152 相同）能让 Do 335 在全高度比 Ta 152 快 30~87 公里/时。作为一种双发飞机，这是非常大的优势。即便是德国空军嫉恨已久的英军蚊式战机，与 Bf 109G 相比较，在两者发动机功率相当时，蚊式也无法取得什么速度优势。

但是道尼尔设计也有明显劣势，Do 335 的结构复杂得多，需要两台发动机，制造工时也更长。在战争末期资源匮乏的情况下，这些特性很要命。驾驶 Do 335 对飞行员技巧的要求也更高，如果要不在起降时损坏机尾，简单的熟悉飞行训练是完全不够的。与道尼尔飞机相反，Ta 152 非常简单，大量使用 Fw 190 组件，而且操作也基本相同。这些特点对于部队换装、后勤保养、零件供给来说都非常有利。

3 月中，战斗机专案组（Jägerstab）宣告成立。该部门由施佩尔和米尔希负责，全权管理战斗机生产和计划。专案组指示各个生产工厂要给飞机提供掩体，重要的机械设备也要有防

爆墙保护。此外所有木制建筑要设置防火墙，可燃材料必须有正确的储存设施。最后是所有工厂要配属自己的消防队，驻扎在安全距离上，确保不会被轰炸波及。

4 月 4 日至 5 日，施佩尔和米尔希突然访问了 4 个主要福克-沃尔夫工厂：科特布斯、马里恩堡、波森（Posen）、扎雷（Sorau）。这次视察过后，福克-沃尔夫立刻安排了 24 小时工作轮班，以确保完成订单。工厂的工人们很失望，因为连耶稣受难日和复活节假期都被取消了，但也明白局势危急，服从了命令。

仅仅过了 4 天，在 4 月 9 日，第八航空军派出 399 架重型轰炸机空袭德国和波兰境内的飞机工厂。其中 98 架的轰炸目标是马里恩堡，33 架飞往波森投弹，科特布斯和扎雷两个工厂没有受到攻击。这次空袭中，战斗机专案组的命令起到了作用，有效减少了工厂损失。

美国人的轰炸远没有结束，11 日，830 架

推拉布局的 Do 335，虽然有后方发动机过热的倾向，而且一直没能解决，但这种独特的布局确实让它飞得更快。

轰炸机再次空袭德国北部的飞机工厂，这次科特布斯和扎雷没有幸免，遭到不小损失。而德国防空网也给美国轰炸机造成了创纪录的单日最高损失量——64 架损失。

4 月 19 日，在希特勒主持的会议上，戈林要求托德组织（Organisation Todt）的负责人来主管防炸弹工厂建设，并集中资源到 Me 262 生产上。米尔希提醒帝国元帅，Me 262 本来就预定在诺德豪森（Nordhausen）的地下设施组装。戈林立刻回了一句："那 Ta 152 就可以进防炸弹工厂。"

在帝国元帅的说辞兑现之前，第八航空军在 5 月 29 日派出超过 800 架重型轰炸机继续攻击各个飞机生产厂。这次美国人损失了 34 架飞机，德国人的损失也相当惨重，在这一系列轰炸之后，福克-沃尔夫公司超过 50% 的生产线被毁，或者受到严重干扰。战斗机专案组努力组织恢复生产，短期内将产能恢复到轰炸前 60% 的水平。

到了 6 月 3 日，战斗机专案组发布目前选择量产的飞机总表，在战斗机栏目里包括 Ta 152A 和 Ta 152H，E 型则在短程侦察机类别里。显然这个列表基于比较乐观的假设，认为德国军队还会正常地进行攻势和守势作战，所以其中包括了从多发轰炸机到突击用滑翔机的各种型号，此前一直得不到通过的 A 型被包含在内也不算奇怪。

没过几天，对德国人来说最糟糕的状况终于发生——盟军在诺曼底登陆，开启新的陆地战线。与此同时，本土防空形势也越来越恶劣，希特勒在 6 月 30 日下令，给单发昼间战斗机和其他本土防卫用飞机最高优先度，其他大型飞机和新型号则被大幅度限制。书面命令很快成形，被称为"闪电计划，1944.7.1"，计划中没有 Ta 152，它被划分到了发展中的类别下，在

高空战斗机项目里。

7 月 8 日，第 226 号生产计划正式发布，该计划取代了 1943 年 12 月 1 日的第 225 号计划。第 226 号计划大幅度增加了飞机产量，尤其是战斗机和截击机。单发昼间战斗机的月度生产目标是 2600 架 Fw 190 和 Ta 152，再加 500 架 Bf 109。而战斗机专案组在 7 月 6 日的会议里说到了对 Ta 152 的预计："现在对我们来说第二种很重要的战斗机，是 Fw 190。战斗机型的产量必须从 6 月的 540 架增加到 7 月 710 架，然后是 955、1200、1288、1725 架。生产会在 12 月达到巅峰，然后迅速转换到 Ta 152 上。明年 6 月的产能将会下降到 100 架，在 12 月生产完全结束。现在对地攻击型的产量是 395 架，这个月要增加到 495 架，然后是 500、600 架，最后是 650 架。"

宝马员工威廉·沙夫（Wilhelm Schaaf）插话说："我想说现在 Ta 152 显然不再是 190 的一种不重要发展型。不过，它必须在一个新工厂上花费巨大开支。因为它使用不同的发动机，要有新工厂来实施这个流程。在这件事上，我们面前摆着一个巨大的问题。"他的这番话多少有点顾及宝马自身利益的意味，忽略了新飞机提供的高空性能，但这个看法更符合实际情况。

与此同时，第一架 Ta 152H 的原型机已经改装完成，即 Fw 190 V33/U1 号。这架原型机虽然是改装的飞机，但特征上与 Ta 152H-0 预生产批次接近，包括 Jumo 213E 发动机和增压座舱。该机在 13 日（一说 12 日）首飞，然而在稍后的转场飞行中坠毁，只飞行了半小时。当时的飞行员是谁，他的命运如何现在已无法得知。

桑德对战争后期的试飞情况记忆犹新，他后来说："那时候不可能对 Ta 152 进行更多时间的飞行测试，考虑到德国的状况——人们又冷

V30/U1 号原型机的侧面照片，这是 Ta 152H 原型机里最早留下照片资料的，V33 号还没照相就坠毁了。

V30/U1 号的前视和后视照，超大展弦比机翼令人印象深刻。

又饿，也没有足够睡眠。再加上低空扫射的'雷电''闪电'和'野马'。而且对柏林（会飞过朗根哈根上空）和朗根哈根（Langenhagen）的轰炸导致经常有防空警报。还有交通困难，备件和装备只能用火车、自行车和徒步运输。有两个月我们喝消防水库的水过活。战斗机专案组要求交付预定数量的飞机——最后他们确实收到了那么多，但装备不全，而且只有一次接收试飞，因为燃油储备不足。"

这个月的态势相当恶劣，宝马公司的新发动机计划正式终结：从 12 日开始，在两周的时间里，第八航空军对宝马在慕尼黑的工厂进行了 4 次大规模轰炸，出动的轰炸机数量从 577 架到 1117 架不等。宝马还没恢复过来时，第十五航空军又在 10 月 23 日派出约 500 架轰炸机再度来访。这一系列空袭之后，宝马损失惨重，原本计划的 BMW 801R 型已经无法继续研发。

在福克-沃尔夫的努力下，第二架 H 型原型机 V30/U1 号，已经在 8 月初准备完毕。8 月 6日，该机首飞成功，它在技术状态上与 V33 号原型机基本相同，而且留下了照片。但好景不长，23 日，该机在试飞中发动机起火，当时的试飞员阿尔弗雷德·托马斯（Alfred Thomas）试图驾机返航，但在降落时坠落，机毁人亡。

两架原型机连接坠毁进一步拖慢了项目进展，不过科特布斯的生产准备仍在快速进行。对 Jumo 213E 可靠性的抱怨也得到了解决，桑德后来说："容克斯把他们最好的发动机工程师小组锁在工厂里四周，期间禁止他们回家，直到问题得到纠正。此后发动机出的问题少了很多！"

8 月 1 日，战斗机专案组解散，专案组的功能和职责转交给施佩尔的军备部，由该部门下属的技术局接管。现在技术局总管是奥托·绍尔（Otto Saur），担负了整个国防军装备生产的重任。这次人事变动也将米尔希完全架空。

这段时期里，眼下最重要的型号 Fw 190D-9 开始生产，距离航空部提出要求快速找到解决方案已经过了一年多时间。Ta 152E 系列侦察机也决定要投产，为此预定在扎雷改装两架原型机，即 Ta 152 V9、V14 号。后来又安排将 1 架 H-0 型改装为 H-10 的原型机用于测试，最初计划在次年 2 月准备完毕，后又推迟到 3 月，再往后则无详细记录。航空部先订购了 20 架 H-10，

型，预定在次年 5 月开始生产。

8 月中旬，位于巴特艾尔森（Bad Eilsen）的设计部门决定了预生产型飞机的技术特征，即 Ta 152H-0 系列。该型号将配备 GM1 系统，但不安装机翼油箱和 MW50 系统。由于空军急需 H系列，必备的飞行测试也只有放弃，航空部甚至在 9 月要求制造 115 架预生产型，这是个前所未有的大数字。不过这么多飞机可以同时进入服役和展开进一步测试，也让负责机翼油箱、MW50 系统、无线电设备的分包公司能有更多时间进行准备。

主要投产的正式型号将是 Ta 152H-1/R11，这意味着所谓的"恶劣天气"套件将会配备给几乎所有飞机，赋予它们合适但有限的全天候战斗力。相对的，没有给 Ta 152 配备雷达并且将其改装为真正夜间战斗机的计划，带雷达的新型夜间战斗机将是 Do 335。此时的生产计划是 1945 年前 8 个月应当至少制造 945 架，包括福克-沃尔夫自己的 690 架，埃拉机械飞机厂（Erla Maschinenwerk）的 150 架，哥达货车工厂（Gothaer Waggonfabrik）的 105 架。

各原型机陆续完工并开始测试的时候，福克-沃尔夫对在 Ta 152 上安装弹射座椅起了兴趣。早在一年前，公司的工程师在 Fw 190 V9 号原型机上测试了一套压缩空气驱动的弹射系统，座椅工作良好，但全套系统重量过大，无法实用。后来又开发了在汽缸内装填推进剂的型号，这样弹射系统的重量和空间要求都要低得多，但最后仍未能安装到 Ta 152 上。

第一次接到订单的接近一年之后，在 11 月初，科特布斯生产线准备完毕，预生产型的制造正式开始，此时距离谭克博士提交初步设计已经过了一年半。在战时效率下这还算是个不错的成绩，但德国上空的战况已经和飞机开始设计时差距很大了。

Ta 152 的试飞员

试飞员的工作是在飞行测试中检查飞机的方方面面，飞机的成功很大程度上依赖于他们的经验和能力，在福克-沃尔夫公司同样如此。实际上，谭克博士坚信试飞员要有良好的航空技术学识，这和他的飞行技巧同样重要。谭克博士自己就有不错的飞行技巧，从 Fw 190A 系列开始，他就会驾驶自己设计的战斗机进行飞行测试。到了 Ta 152 设计阶段，他在 1944 年 4月 14 日和 5 月 29 日亲自测试了 Fw 190 V21 号原型机(机身号 TI+IH)，在 12 月 13 日又测试了 Ta 152 C V6 原型机(工厂编号 110006，机身号 VH+EY)

谭克经常自己驾机，由此产生了一个著名的故事，大致情况是这样的：

1944 年末，他要前往科特布斯参加重要会议。驾机从朗根哈根机场起飞后不久，地面传来联络信息："花园篱笆上有四个印第安人"，意思是四架敌军战斗机正在飞向朗根哈根。4 架"野马"很快便出现在谭克屁股后面，他别无选择，只好打开 MW50 喷射系统逃跑，很快他的飞机加起速来，快速靠近的"野马"变成了几个小黑点。

除开谭克博士本人，福克-沃尔夫公司最著名的试飞员是汉斯·桑德，他是原型机测试部的首席试飞员兼首席工程师。从 1939 年驾驶Fw 190 首飞之后，就一直在试飞更新的型号，包括 1942 年 12 月 20 日首飞的 Fw 190 V18("高空战斗机 2"项目)原型机。Ta 152 系列是福克-沃尔夫公司活塞战斗机的顶峰，自然也会由汉斯·桑德来测试。

除了重要的测试飞行以外，桑德还要负责检验科特布斯生产线产出的量产型飞机，进行接收测试飞行。1944 年 11 月 21 日，他试飞了第一架 Ta 152 H-0 型(工厂编号 150001，机身号 CW+CA)，29 日试飞第二架 H-0 型(工厂编号 150002)，12 月 3 日则是第三架 H-0 型(工厂编号 150003)。桑德后来回忆说："我只得在科特布斯城外用机腹迫降第一架生产型飞机，起飞后在爬升时，发动机突然停止供油。不知怎么搞的，燃油管线上装了一个液压阀。我收到一瓶施纳普斯酒作为补偿，那时候很难搞到这东西。第二架飞机上就一切安好。"每一次试飞都是经过计算的冒险，对桑德也不例外。他经历过各种各样的险情，除了常见的机腹迫降，还有座舱内起火、高速震颤等。到了战后，汉斯·桑德也没有放弃航空，在 1980 年驾驶一架滑翔机进行了最后的飞行，此时他已经 72 岁高龄。

相对默默无闻的伯恩哈德·马谢尔(Bernhard Marschel)也大量参与了新飞机测试，包括 Fw 190D 系列和 Ta 152 系列。1944 年 12 月12 日，他在阿德海德(Adelheide)驾驶 Ta 152C V6 号原型机首飞。这次飞行代表着用奔驰发动机的 Fw 190/Ta 152 系列发展工程再度展开——此前已经中断了两年。马谢尔也安然活到战后，转为滑翔机飞行员。

弗里德里希·施尼尔(Friedrich Schnier)则达到了 Ta 152 的最大飞行高度，1945 年 1 月20 日，他驾驶 Fw 190 V29/U1 原型机爬升到13654 米高度。这次飞行展示了 Ta 152H 作为高空战斗机是很合适的。施尼尔还试飞过Fw 190 D-11/12/13 这几种最后期的改型，以及 Ta 154 双发战斗机。

另一名比较有经验的试飞员，是沃纳·巴特希（Werner Bartsch）。但在1944年4月18日，巴特希驾驶Ta 154 V9时遭遇严重事故，终结了他的试飞员生涯。阿尔弗雷德·托马斯则更加不幸，他在测试Fw 190 V30/U1时坠机身亡。当时因为发动机起火，他驾机返回阿德海德，但在进场时坠毁。托马斯本可跳伞逃生，却因为想救回飞机而选择返航。

汉斯·桑德，福克-沃尔夫的首席试飞员，他在Fw 190和Ta 152项目中起到了重要作用。

另一张飞行员合照，从左至右分别为：汉斯·坎普梅耶（Hans Kampfmeier）、罗尔夫·蒙德里（Rolf Mondry）、沃尔特·诺沃特尼、阿尔弗雷德·莫迟（Alfred Motsch）。

在机场附近休息的试飞员，最右侧的是沃纳·巴特希，他的旁边则是伯恩哈德·马谢尔，左起第二位是沃伦霍斯特（Wallenhorst），原型机试飞项目主管。

原型机制造——阿德海德，福克-沃尔夫第 8 分厂

阿德海德的军用机场建设始于 1936 年，竣工之后，第一个进驻的单位是第 27 轰炸机联队第三大队。战争爆发时，该大队转场到了勃兰登堡 (Brandenburg)，在 1939 年 9 月 1 日参加了第一波对华沙的空袭。波兰战役结束后，第三大队暂时回到阿德海德，没过多久便又被调走。很快，作为军用机场，阿德海德达到了繁忙的巅峰，随着德国入侵丹麦、法国、比利时、荷兰，这里每天都有大量飞机起降。不列颠战役结束后，德国空军在西线的活动骤减，阿德海德沉寂了下来，1941 年春季以后，这里便不再有军事任务。东线战役即将开始，各个作战单位也都离开了，留下空荡荡的机库和兵营。

1941 年 6 月，福克-沃尔夫公司开始在阿德海德建设第 8 分厂，新工厂仅用于生产原型机。

第 8 分厂一开始有大约 1500 名员工，1941 年末至次年初增加到了 1900 名，而后人员开始减少，战争结束时只剩下约 1200 人。大部分 Fw 190 的原型机，以及后来 Ta 152 的原型机都在这里制造。飞机完成之后先在当地首飞，如果没有问题，就转场到朗根哈根，在这里继续进行技术测试。

第 8 分厂开工后，德国空军又多次使用过阿德海德。第 6 战斗机联队第一大队在"底板行动 (Operation Bodenplatte)"时就驻扎在此。而后第 26 战斗机联队第三大队也到了阿德海德，该大队于 1945 年 3 月 25 日在这里解散。随着西线盟军步步逼近，4 月 15 日，机场驻守人员做好了爆破准备，次日炸药引爆。4 月 19 日早晨，苏格兰第 51 高地师击溃德军抵抗，占领阿德海德。

阿德海德工厂照片，一架 Fw 190D-11 型的原型机 (可能是 V55 或 V56 号) 正在推出组装车间，它的左前方是 V30 号原型机。

第二节　Ta 152A 和 B 系列

Ta 152 系列的设计和开发基本遵循帝国航空部发布的要求列表，包括以下几条：

1. 在量产型 Fw 190 机身上安装标准的 Jumo 213A 发动机，尽量减少改动，尽可能利用已有的夹具和工具。同时要保证有可能安装 Jumo 213E 和 DB 603G 发动机。

2. 加强中轴武器，尤其是应当安装 MK 108 和 MK 103 轴炮。这个项目也要求尽可能小幅度地修改飞机。

3. 安装更大的轮胎，尺寸为 740 毫米×210 毫米，以承受以上改进带来的起飞重量增加。

开始设计时，Ta 152 的整体设计考虑到了使用可能的所有三种发动机。Ta 152A 型预定安装 Jumo 213A，B 型也以 Jumo 213A 开始生产，后期更换 Jumo 213E，而 DB 603G 发动机则是以上两种型号的预备选项。其中 Jumo 213A 在设计时没有留出空间，无法安装轴炮。改型

Jumo 213C 将成为标准动力包，它可以安装轴炮，会取代 A 型安装在飞机上。

除了发动机以外，Ta 152 还有另外几项较大改动。首先是起落架收放从电动改成了液压，还有从"高空战斗机 2"项目里拿过来的大型垂尾和方向舵，最后是 500 毫米长的后机身延长段。这个延长段从 Fw 190D 开始安装，目的是平衡机头增加的重量，确保飞机重心位置不向前移动太多，还能改善航向稳定性。另外一个计划中的新组件是发动机排管消焰器，用于遮盖发动机排气焰，避免它们在夜间飞行时致盲飞行员。这是个新设计，还没测试过。原始计划上是 Ta 152A 应该安装这个东西，让它能作为夜间战斗机使用。但到了 1944 年 4 月 18 日，按照参谋部要求，消焰器被取消了。

同之前的德国战斗机一样，Ta 152 可安装 GM1 喷射系统，以改善飞机高空性能。后机身的容器内可携带 85 升一氧化二氮，在每秒 100 克的平均流量下，可以使用大约 17 分钟。发动机进气口进行了修形，延伸到机头散热器后方，

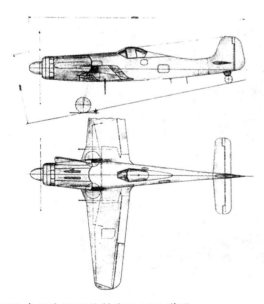
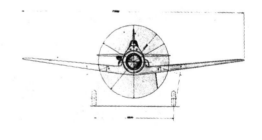

1943 年 6 月 10 日绘制的 Ta 152A 草图。

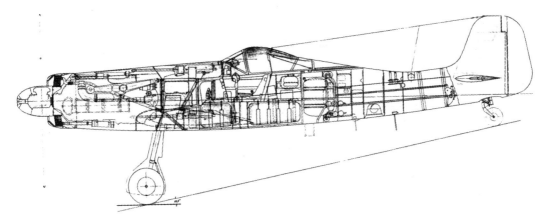

1943 年绘制的 Ta 152A 内部结构图，图中预定安装的加力系统是 GM-1，而非 MW50。

这在三架原型机上是个很明显的特征。最初计划的子型号包括 Ta 152A-1/A-2、B-1/B-2、B-3/4，后缀是奇数的安装 MK 108 轴炮，偶数的安装 MK 103 轴炮，其中 B-3/4 型安装 Jumo 213E 发动机。

机身

前机身增加了一个 772 毫米长度的延长段，用来给 MK 103 轴炮和机身内两门 MG 151 提供安装空间。为了尽量减少采购新夹具和其他工具，机身延长段直接栓接在已有的发动机安装点上。因为飞机重心前移，机翼也向前移动了420 毫米，安装在延长段正中。机翼移动也同时意味着需要改动后翼梁的结合处，机身隔板也要改动。这些改动影响到了机身前油箱，油箱盖和相应的机身部分必须重新设计。

为了保证加长发动机舱不会导致稳定性(尤其是航向稳定性)下降，后机身安装 500 毫米延长段。飞行员的氧气瓶、轴炮的压缩空气罐都安置在后方延长段里。机身加长导致了力矩增加，为此结构也需要加强，采取的手段是将以前杜拉铝制的挤压结构件改成钢制组件。

起落架

原有的起落架支柱，包括减震支柱和支座全部留用。如同前文所述，电动收放系统改成了液压。因为飞机重量增加，机轮改用更大的740 毫米×210 毫米尺寸。尾轮则是当下所有福克-沃尔夫战斗机的标准型号，这个型号从 Ta 152 生产开始时就在使用了。

机翼

机翼本身大量使用之前的组件，但也有所改动，首先是襟翼从电动改成了液压。Fw 190 系列的起落架支座在机翼上，起落架向内收起。机轮尺寸增加之后，需要将支座位置向外移动250 毫米。同样为了使用旧机翼部件，在原本的机翼中央插入了 500 毫米宽度的翼梁和新机翼段，让飞机翼展从 10.5 米增加到了 11 米。新的中央翼段会影响机翼和机身的连接部，再加上这里也是机身延长段的位置，该处需要重新设计。翼展增加后，机翼内段的蒙皮需要加强，以此维持结构强度。

垂尾使用了较大面积(1.77 平方米)的设

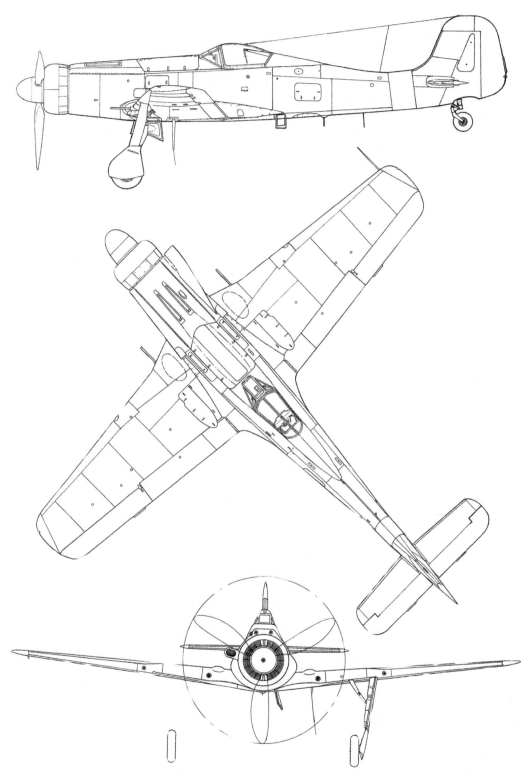

1943 年 10 月绘制的 Ta 152A 三视图。

计，这个设计本来应该是和短后机身配合。

控制系统

操纵面控制系统基本无变化，但由于飞机各处都有延长，控制系统的连接处需要修改适应。

动力系统

Ta 152预定安装的动力系统包括以下几种：

1. 容克斯Jumo 213A（C）标准战斗机发动机，配套容克斯VS9变距螺旋桨。这一套动力系统最先在Ta 152上使用。计划在开始生产时还要包括福克-沃尔夫设计的消焰器，但在飞行测试中，这套消焰器造成了明显速度损失，所以昼间战斗机型号立刻改回了普通排管。

2. 容克斯Jumo 213E标准战斗机发动机，配套容克斯VS9或VS19变距螺旋桨。VS19此时还在研发过程之中。因为Jumo 213E的高空性能大为提高，计划在这种发动机可用时，尽快将Ta 152系列改换新发动机。与Jumo 213A不一样的是，E型发动机一开始并未考虑搭配排管消焰器。

3. 戴姆勒-奔驰DB 603G标准战斗机发动机，预定作为Jumo 213A的替补方案。此时奔驰正在和福克-沃尔夫合作发展这个型号，同样没有搭配消焰器。

燃油系统

飞机的机身前油箱可以完全继承Fw 190A系列的型号而无需改动，容量为233升。但为了配合机翼位置前移，油箱也要前移。在这些修改之后，前后油箱之间出现了额外空间，当

下的方案是将后油箱扩大70升，达到362升容量，此时总油量为595升。油箱有比较厚的外壳保护，下面和侧面是16毫米，上面是12毫米。

为了进一步增加航程或强化动力，计划继续使用A系列的后机身115升油罐，这个罐子外壳厚度14+2毫米。油罐尺寸和GM1容器完全一样，可以互换，或者说只能选装其中一种。此外就是传统的机身外挂副油箱，容量为300升。GM1容器可以携带85升氮氧化物喷液，用来增强高空性能。在平均100克/秒的消耗率下，可以使用大约17分钟。

滑油系统

滑油箱容量64升，位于机身延长段的右侧，贴着轴炮。滑油箱由薄钢板制成，前方有8毫米厚的装甲，给它提供防护。滑油箱容量是按照远程任务设计的，可与115升后机身油罐配合，发动机冷启动时，可以按25%比例混合滑油和汽油。这种操作的原理是滑油与汽油混合后浓度变低，让发动机更容易点火启动。

一般装备

一般装备来自Fw 190A-9系列，主要是各种无线电和飞行用的设备。除了襟翼和起落架的电动系统改为液压以外，还有改用Jumo 213A发动机造成的少量变化。

专用装备

正常情况下，Ta 152有5门航炮。包括机身内的2门MG 151航炮，从机头上方位置开火，每门备弹150发，它们实际上替换掉了

Fw 190 系列的 MG 131 机枪。翼根内安装 2 门 MG 151 航炮，每门备弹 175 发。这 4 门 MG 151 穿过螺旋桨射击，它们都是电击发。此外还有 1 门 MK 108 轴炮，备弹 85 到 90 发，也可换成 1 门 MK 103 轴炮，备弹 75 到 80 发。

机翼外段可额外安装武器，与 Fw 190A 系列相同。可选配置包括 2 门 MK 108 航炮，每门备弹 55 发；2 门 MG 151 航炮，每门备弹 140 发；外段机翼下吊舱 2 门 MK 103 航炮，每门备弹 40 发。

外挂武器

作为战斗轰炸机使用时，可在机身下挂载最大 500 公斤的炸弹。机身挂架可用标准的 ETC 503 型，安装在前翼梁下方。挂架上有 4 个修形过的支架，将炸弹固定在机身下。其他的武器（例如 Fw 190A 系列使用过的 210 毫米火箭）在投产后也可能使用。

结构强度

1943 年 5 月 25 日的结构手册表明，在设计起飞重量 4400 公斤的状态下，机翼的载荷系数是正 6.5G 到负 3G。要求的载荷系数基于所有组件来源于 A 系列（设计标准是 6.5G 载荷系数），新的机翼中央段，和其他改动过的部分也考虑了进来，按照同样标准设计。

在安装 Jumo 213E 发动机，配置了正常武器的情况下，Ta 152B 的起飞重量是 4620 公斤，

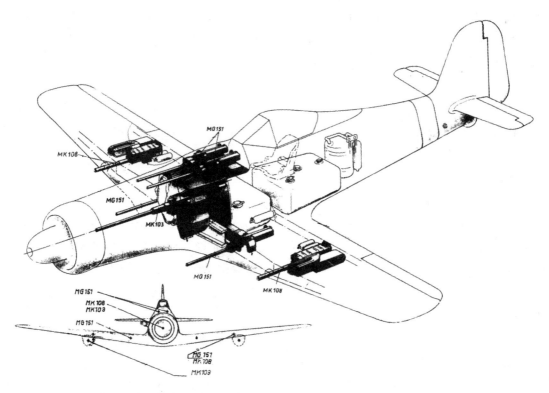

Ta 152A/B 可用的武器配置示意图，可见 MK 103 轴炮、位于周围的 4 门 MG 151 航炮、机翼外段的 MK 108 航炮。

此时载荷系数下降到 6.2G。

此外，三种不同的动力系统可承受的载荷略有不同，Jumo 213A 加 VS9 螺旋桨的组合是 6.7G，Jumo 213E 加 VS9 螺旋桨的组合是 6.5G，DB 603G 加 VDM 螺旋桨的组合是 6.7G。

Fw 190 V19、V20、V21 原型机的情况

阿德海德制造了 3 架原型机，用于 Ta 152A 系列的测试工作。这几架飞机都是用 Fw 190A 量产型改装的，原定计划是用作 Fw 190C 系列的原型机，但这个系列取消了之后便挪作他用。一般来说，在这段时期之中，量产型改装成原型机的工程也都是在阿德海德进行。

完成之后，这些原型机随后转场到朗根哈根的福克-沃尔夫测试中心，在这里进行性能测试。其实朗根哈根在 1943 年才变成测试中心，之前的测试在不来梅（Bremen）、汉堡-文岑多夫（Hamburg-Wenzendorf）进行。除了测试新飞机以外，朗根哈根按照预定计划还会是双发木质 Ta 154 的生产厂。

有了可用的原型机之后，最初计划的

Ta 152 原型机 V1 和 V2 号就取消了。这两架飞机原本预定装备新机翼、4 门 MG 151 航炮、1 门 MK 108 轴炮。而 Fw 190 V19、20、21 与 Ta 152 V1、V2 的指标有所不同，但眼下主要问题不是结构差异。

Fw 190 V19 号原型机的初步测试表明，Jumo 213A 早期批次运转粗暴。毛病的根源是新发动机转速较高，达到了每分钟 3250 转，造成机身共振。这个问题一直不能改善，直到更换了新发动机为止。给战斗机设计的 Jumo 213C 型汽缸点火顺序与 A 型不同，震动模式改变了，应当可以解决问题，但这个型号一直没能批量交付使用。

测试途中还发现螺旋桨状态对发动机运转平顺性的影响很强。例如 V20 号原型机使用过两种 VS9 螺旋桨，一种是施瓦兹公司（Schwarz）制造的，另一种是海涅公司（Heine）制造的，后者在 1944 年 2 月 4 日装上飞机。使用施瓦兹螺旋桨时，飞机的震动更小，这个问题的根源是螺旋桨不平衡，导致 Jumo 213 发动机反应剧烈。

V19 号原型机发生过右侧起落架锁定螺栓损坏的故障，导致飞机迫降。不过飞机本身损伤不严重，修复后可继续进行测试。

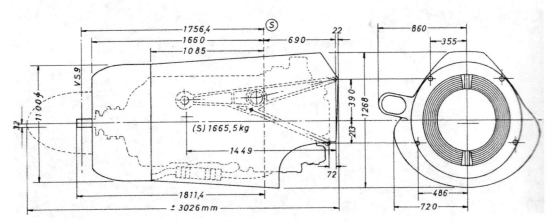

Ta 152A 的发动机舱细节尺寸，单位为毫米。可见消焰器在发动机舱下半部造成了一个巨大鼓包。

V20 号原型机率先安装排管消焰器，在安装之前福克-沃尔夫公司就怀疑这个组件会让飞机损失不少速度，而后的测试证明了这一点。安装消焰器的状态下，V20 号能在 7600 米高度达到 657 公里/时的平飞速度，比期望值每小时低 35 公里。

在 V21 号原型机的测试过程中，出现了在外界气温很低的情况下，冷却液温度过低的问题。这个问题的根源是散热过量，而后通过修改散热片动作杆解决，还提高了发动机在冬季的运转性能。V21 号原型机也有发动机运转粗暴的毛病，通过更换螺旋桨得到了改善。这架飞机的消焰器经过一定改动，排气收集管形状有所不同，但测试出来的平飞速度和 V20 号没有差别。V21 号原型机在海平面能达到 540 公里/时的最大速度，到 5 月 5 日，该机转交给雷希林(Rechlin)测试中心，让空德国军对其进行测试。

因为 Ta 152A 系列没有开花结果，V20 和 V21 号原型机预定转作 DB 603L 的发动机测试台，变成 Ta 152C 的测试机。1944 年 8 月 5 日，V20 号在美国陆航对朗根哈根的轰炸中被毁，再也没有修复。

总的来说，这三架原型机在测试中没有出现严重问题。到了 1944 年 4 月 18 日，终于正式取消对飞机性能有很大影响的消焰器。此时 Ta 152A 系列已经准备好生产，但航空部决定不批量生产这个型号。虽然 Ta 152A 系列的性能明显优于 Fw 190A 系列，而 Jumo 213 的发展型号（即二级三速增压的 E 型）意味着飞机还有很大开发空间。Jumo 213A 型已经在生产之中，而且也很快就在 1944 年 9 月开始服役的 Fw 190D-9

V21 号原型机照片，消焰器鼓包和集合排管明显可见。

V20 号原型机侧前方照，此时已经改回普通排管。

系列上证明了它的性能，是一套可靠的动力系统。但从另一个角度看，Ta 152A 型与 Fw 190D 系列在功能上比较重复，尤其是它们使用相同的发动机，也许这个因素在 A 型落选上影响比较大。

在 Ta 152A 设计的最后阶段，还有一个需要提到的方案。这个方案的源头是在 1943 年，德国人已经得知纳皮尔的"军刀"发动机可以输出 2200 马力，让他们感到了很大压力——输出高于这个数字的德国发动机只有实验型号和计划方案，实际可用的发动机要比"军刀"低 500 至 600 马力。在发动机问题上，梅塞施密特博士对奔驰发动机怨言颇大。而谭克博士对容克斯发动机的想法尚不清楚，不过到了 1944 年 2 月，福克-沃尔夫已经在研究一个离奇的方案，残留记录这样写着：

按照要求，研究在 Fw 190 或 Ta 152A 上安装"军刀"II 的可能性，已经进行了一些性能推算，三种可行的选择如下：

1）散热器位置类似于霍克"台风"。

2）水冷散热器位于机翼内（每侧面积 0.28 平方米），滑油散热器位于机身下方。

3）螺旋桨周围的环形散热器，这需要将螺旋桨前移 320 毫米，发动机罩直径需要 1210 毫米。

飞行工程师

沃尔夫先生

下一段记录是：

为全面了解敌战斗机在安装纳皮尔"军刀"II 发动机时的潜在飞行性能，并评估纳皮尔型飞机发动机的一般性能，福克-沃尔夫按照航空部要求进行了装机研究，发展出在 Ta 152 战斗机

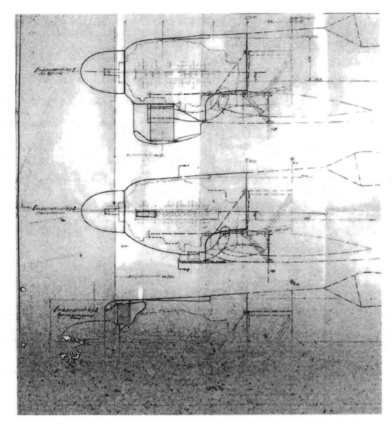

遗存的"军刀"Ta 152A 的设计案草图，从上至下依次对应三个散热器设计
方案。

霍克"台风"战斗机，这种飞机设计有重大失误，发动机可靠性也很糟。当然，"台风"投
产很早，让英国人有机会修正它。

上安装"军刀"II 的纸面设计。

研究完成后，最终报告提到：

进行这次检验没有任何实际价值，显而易

见，不可能使用英国发动机型号。

早期 Ta 152 原型机列表如下。

早期原型机列表	
1 号机 Fw 190 V19	
工厂编号	0041
机身号	不详
首飞时间	1943 年 7 月 7 日
发动机	Jumo 213A No. 100152082
	Jumo 213A No. 100152160
	Jumo 213A No. 1001570009
用途	检查操纵品质、发动机飞行测试、液压系统测试
备注	一开始保留了 Fw 190D 系列的机尾，而后更换为 Fw 190C 系列的机尾，这个机尾比较类似于 Ta 152 的
	机身延长 500 毫米，无武装，后来安装了 MK 103 轴炮，用于测试
	计划安装排管消焰器，但安装前飞机就坠毁了
	测试中更换过几次发动机
	1944 年 2 月 16 日坠毁
2 号机 Fw 190 V20	
工厂编号	0042
机身号	TI+IG
首飞时间	1943 年 11 月 23 日（汉斯·桑德驾驶）
发动机	Jumo 213C No. 1001570010
用途	测试消焰器、发动机功能检查、确定平飞速度、检验发动机整流罩凸起的影响、检查燃料系统、静态耐久测试、液压收放起落架和襟翼测试
备注	机身延长 500 毫米，C 系列机尾，起飞重量 3900 公斤
	无武装，座舱有增压，测试途中消焰器被拆除
	计划改装为 V20/U1，作为 Ta 152C 系列的测试机，改装前飞机被毁
	1944 年 8 月 5 日毁于对朗根哈根的轰炸

早期原型机列表	
3 号机 Fw 190 V21	
工厂编号	0043
机身号	TI+IH
首飞时间	1944 年 3 月 13 日 (伯恩哈德·马谢尔驾驶)
发动机	Jumo 213C No. 1001570012
用途	测试消焰器、飞机功能检查、确定平飞速度、检查操纵品质、开始测试低空速度/进气压/燃料消耗、液压系统测试
备注	机身延长 500 毫米，C 系列机尾，起飞重量 3890 公斤
	无武装，机翼面积 19.5 平方米，发动机罩上的炮口未封闭
	1944 年 5 月 5 日转交给雷希林测试中心
	改装为 V21/U1，安装 DB 603L 作为 Ta 152C 的测试机
	1944 年 11 月 18 日交给戴姆勒-奔驰，用作发动机测试机

重型战斗机 Ta 152B-5

"闪电计划"开始实施以后，航空部进行了合理化规划，终结了很多不适合当前战况的型号，以节约资源，增加战斗机产能。旧有的重型战斗机，或者德国空军称谓的"驱逐机"也在其中，典型的就是 Me 410 这样的飞机。以前的"驱逐机"都是双发，无论是尺寸还是重量，将它们称作重型战斗机都很合适，但现在要让 Ta 152 来接替这个任务。

于是在 1945 年 1 月，为了满足航空部的要求，福克-沃尔夫拿出了 Ta 152B-5"驱逐机"设计。预定 B-5 型使用 Ta 152C-3 的机身，再加上下列改动：1. Jumo 213E 动力系统；2. MK 103 轴炮加上 2 门 MK 103 翼根炮；3. 从一开始就可以使用 MW50 系统。

此前Fw 190A系列可以在机翼外段下挂MK 103 航炮吊舱，这种配置极大影响了飞行性能，所以现在准备把这门炮装在翼根和机身内，以尽量减小对飞行性能的影响。另外 B-5 型从开始生产时就要安装全天候设备，即所有飞机都是 B-5/R11 型。福克-沃尔夫公司在 1945 年 1 月制订了 B-5 型的生产计划：埃拉机械飞机厂从 5 月开始生产，哥达货车工厂从 7 月开始生产。但战况发展迅速，两个月之后，生产计划已经毫无实现可能，完全被放弃。

这是 Fw 190/Ta 152 系列第一次在翼根安装 MK 103 这么巨大的武器，为此 Fw 190D-9 的测试机之一，亦即 Fw 190 V53 号（工厂编号 170003，机身号 DU+JC）原型机被调来进行测试。该机接受了改装，变成 Fw 190 V68 号，到 1944 年 12 月 13 日完成准备并首飞。在年末时，该机被转交给塔纳维兹（Tarnewitz）测试站，在这里进行武器测试。

扎雷制造的另外 3 架原型机也预定参加 Ta 152B-5 的初步测试，分别是 Ta 152 V19、V20、V21，都是 R11 型的标准。最开始期望 V19 和 V20 能在 3 月首飞，V21 能在 4 月首飞，但到了 3 月 13 日时还没能实际飞行，最终只有 Fw 190 V68 号进行过测试。

V68 号原型机翼根安装的 MK 103 航炮。

从侧后方拍摄，此时翼根炮位的蒙皮已经盖上。

Fw 190A 的 MK 103 航炮吊舱。这种航炮尺寸过大，吊舱挂载形式对飞机性能影响相当大。

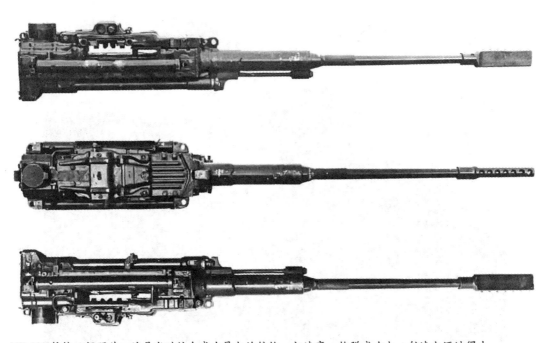

MK 103 航炮三视照片，这是当时综合威力最大的航炮，初速高、炮弹威力大，射速也还过得去。

Fw 190 V53 号原型机的照片，该机在 8 月 5 日美国陆航对朗根哈根的空袭中受损，照片中已经修复。匆忙安装上去的发动机罩没有涂装，与其余蒙皮的对比非常明显。改装成 V68 号时，该机拆除了机翼外段的 MG 151 航炮。

Ta 152B-5 指标如下：

Ta 152B-5 指标		
用途	单座重型战斗机	
构造	单发、悬臂式下单翼、液压收放起落架	
发动机型号	Jumo 213E，带 MW50 系统	
尺寸	翼面积	19.5 平方米
	翼展	11 米
	展弦比	6.2
	垂尾面积	1.77 平方米
	平尾面积	2.89 平方米
	长度	10.8 米
	高度	3.38 米
正常起飞重量	5450 公斤，重型战斗机任务	
武器	翼根 MK 103 航炮，每门备弹 44 发	
	1 门 MK 103 轴炮，备弹 80 发	

续表

Ta 152B-5 指标		
装甲	发动机装甲，6~10 毫米厚	62 公斤
	座舱装甲，5~20 毫米厚	88 公斤
	防弹风挡，70 毫米厚	—
装备	FuG 16ZY 无线电、FuG 25a 敌我识别器、FuG 125 无线电导航系统、K23 自动驾驶仪、Revi 16b 瞄准器	
燃料容量	机身内部油箱	594 升（B4）
	6 个额外机翼油箱	470 升（B4）
	机身外挂副油箱	300 升（B4）
最大速度	海平面，529 公里/时，5 分钟应急功率	
	10700 米高度，683 公里/时，5 分钟应急功率	
	9500 米高度，710 公里/时	
航程	1165 公里（无副油箱，巡航速度不明）	

第三节　Ta 152C 战斗轰炸机

到了 1944 年初，Fw 190A 系列疲态尽显，虽然 BMW 801 仍在继续升级，但在宝马公司坚持不给它搭配 MW50 系统的情况下，发动机功率增长很有限。于是德国空军面前的麻烦越来越大，随着盟军各种新型高性能战斗机出现，德国战斗机与盟军飞机的性能差距在增加。当前盟军几个新型战斗机型号的速度普遍能达到每小时 700 公里左右，而 Fw 190A 的性能却在原地踏步，如果不是说反而降低了的话——武器和装甲增加导致飞机越来越重，达到了发动机功率增长无法弥补的地步，所以必须有更高性能的液冷型 Fw 190 和 Ta 152 系列来追上差距。

最初的标准 A 型就是为了这个目标而设计的，而后随着 A 型计划取消，基于它改进的 C 型接过了任务。这个型号计划将安装 DB 603LA 发动机，加上 MW50 系统，Jumo 213E 则是可能的备选方案。

Ta 152C 的设计和发展也基于航空部的要求，与 A 型没有本质区别，要点如下：

1. 为了增强性能，在 Fw 190A 系列的机身上安装 DB 603LA 或 DB 603L 发动机，尽量减少改动，尽可能利用已有的夹具和工具。同时要保证有可能安装 Jumo 213E 发动机。

2. 加强中轴武器，尤其是应当安装 MK 108 和 MK 103 轴炮。这个项目也要求尽可能小幅度地修改飞机。

3. 安装更大的轮胎，尺寸为 740 毫米×210 毫米，以承受以上改进带来的起飞重量增加。

4. 添加机翼油箱系统，以增加航程，并避免影响飞机气动外形。

C 型与 B 型最大的不同是没有外翼段武器，机翼内安装无防护的袋状油箱。还有其他一些小改动，包括新的操纵杆线、螺旋桨桨距控制系统、改进的 MW50 系统。另一个有趣的方案是鱼雷载机 Ta 152C-1/R14 型，不过鱼雷挂载仅停留在模型阶段。

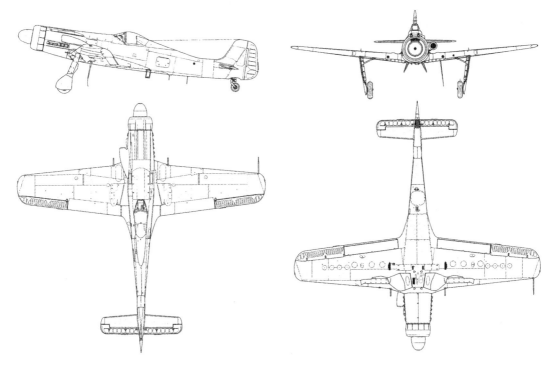

Ta 152C 四视图，从外观上看与 A/B 型基本没有区别。

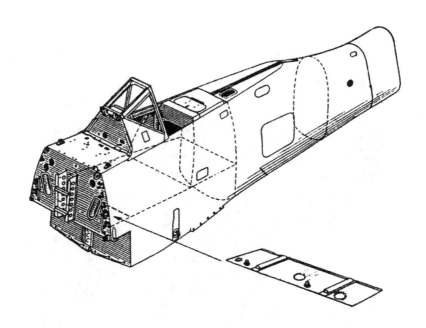

从 Fw 190A 系列继承过来的后机身组件，不包括前后延长段。

机身

C 型的机身与 Ta 152A、Ta 152B 大致相同,相对于 Fw 190A 系列进行了下列改动:前机身增加了 772 毫米延长段,给 MK 103 轴炮和机身 MG 151 留出空间,这个延长段直接栓接在已有的发动机安装点上。机翼向前移动 420 毫米,安装在延长段正中。相应的后翼梁的结合处和机身隔板改动,油箱盖和相应的机身部分重新设计。后机身安装 500 毫米延长段,氧气瓶、轴炮的压缩空气罐位于后方延长段里。最后是附带的结构加强。

起落架

原有的起落架支柱,包括减震支柱和支座

全部留用。电动收放系统改成液压,机轮改用 740 毫米×210 毫米尺寸。尾轮结构加强,轮胎尺寸为 380 毫米×150 毫米。

操纵面和控制系统

平尾、升降舵、副翼、方向舵保留不变,襟翼稍有修改,因为作动器的位置变动。由于飞机各处都有延长,控制系统的连接处需要修改适应。平尾配平方式改变,由 Fw 190 的安定面可调改为升降舵可调。垂尾使用了较大面积(1.77 平方米)的设计。

机翼

机翼中央插入了 500 毫米宽度的翼梁,翼展从 10.5 米增加到 11 米。新组件使得机翼和机

Ta 152C 的机翼组件图,可见翼尖、上下表面、两根翼梁、起落架舱、油箱这些主要组件。其中有 424 公斤钢制组件,200 公斤杜拉铝。

身的连接部位要重新设计。机翼内段的蒙皮加
强，以此维持结构强度。为了方便工厂维修，
计划将之前整体式的机翼结构改为两个组件，
分离点位于机翼正中，这里设计成楔形对接带，
栓接在前翼梁的上下凸缘上。

动力系统

生产初期，飞机将安装 DB 603E 发动机，
这是由于奔驰公司在研发和生产上的延误，无
法供应 L/LA 型。下一步计划是给 Ta 152C-1/C-3
更换 DB 603LA 发动机，如果顺利投产的话，这
种型号的高空性能要好得多。LA 型无中冷器，
在高功率区运转时，可以使用 MW50 喷射系统
来降低进气温度。在爬升和战斗功率挡位下，
MW50 系统每小时消耗 90 升喷液，在起飞和应

急功率下每小时会消耗 190 升。

应急功率会不可避免地导致发动机过热和
影响寿命，这个挡位使用时间限制在 10 分钟，
但可以分开使用三次。而后 DB 603LA 会更换为
有中冷器的 DB 603L，取消 MW50 内喷射系统，
中冷器所用的冷却液也通过机头散热器的一部
分降温。

DB 603L 发动机前视图，两级增压器紧贴在一起，
放置于发动机左后侧。

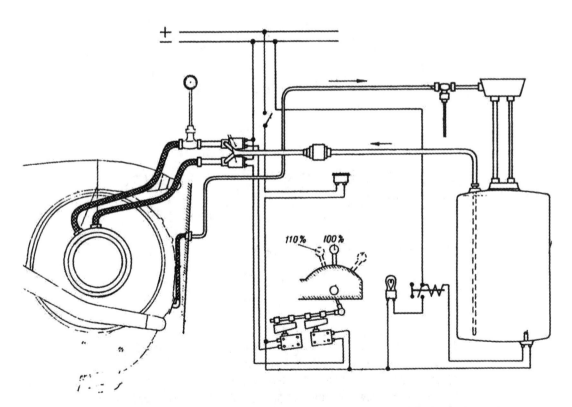

MW50 系统示意图，MW50 液箱位于图中右侧。系统由飞行员油门杆控制，依靠增压器供给压力。

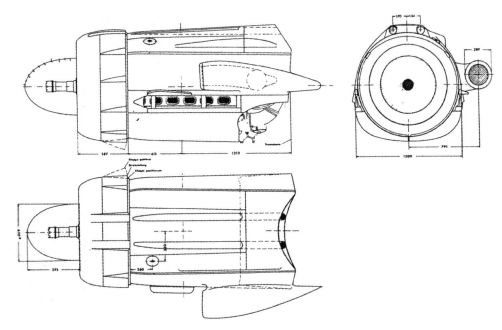

DB 603 发动机罩线图，进气口在左侧，进气口上方还有一个鼓包，以容纳发动机增压器。

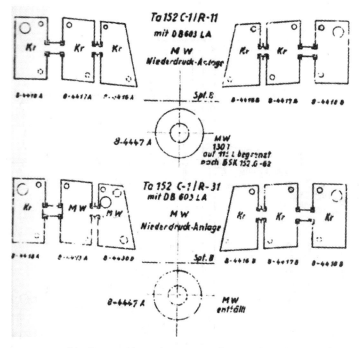

Ta 152C-1 的机翼燃油系统示意图，方形表示机翼油箱，圆形表示后机身 MW50 液箱。上下分别为 R-11 与 R-31 型，R-11 型的油箱内写着"Kr"字样，即德文"燃料"这个单词的缩写。R-31 型的左侧两个油箱内改成了 MW，即 MW50 液箱，这是为了调节飞机重心实施的措施，下方的 MW 液箱取消，变为虚线。

DB 603LA 发动机的核心特点是二级液力变速机械增压，发动机减速比 1∶193。搭配鼓形散热器，冷却液径向通流，迎风面积 58 平方分米。滑油散热器轴向通流，迎风面积 9 平方分米。飞机螺旋桨则是 VDM 生产的三叶桨，直径 3.6 米，桨叶宽度为直径的 12.2%。

燃油系统

机身前油箱仍继承 Fw 190A 系列的型号而无需改动，容量为 233 升，油箱位置前移。同 Ta 152A 型飞机，后油箱也要扩大 70 升，达到 362 升容量，总油量为 595 升。油箱有较大厚度外壳保护，下面和侧面是 16 毫米，上面是 12 毫米。

Ta 152C-0 可以使用传统的机身外挂副油箱，容量为 300 升，燃油转移靠增压空气进行。

Ta 152C-1/C-3 在机翼内安装 6 个袋状油箱，通过机翼下表面的维护舱盖安装，燃油转移同样靠增压空气进行。如果需要执行更远航程的任务，也可使用 300 升副油箱，最后还有 600 升容量的型号。

滑油系统

滑油箱容量稍微扩大，为 72 升，仍位于机身延长段的右侧，贴着轴炮。滑油箱由薄钢板制成，前方有 8 毫米厚的装甲，给它提供防护。

一般装备

一般装备来自于 Fw 190A 系列，除了襟翼和起落架的电动系统改为液压以外，还有改用

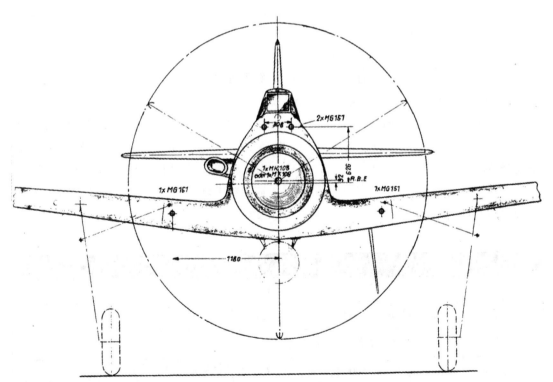

Ta 152C 的武器配置位置，可见螺旋桨中央的 MK 108，机头的 2 门 MG 151，翼根的 2 门 MG 151，几项数值是到飞机中线的距离。

DB 603LA 发动机造成的少量变化。最重要的装备是 FuG 16ZY 无线电（包括收发机），FuG 25a 敌我识别器、FuG 125 无线电导航系统、罗经复示器、转弯倾斜指示器，还有其他导航用设备，最后是 K23 自动驾驶仪。

专用装备

Ta 152C-0/C-1 安装有 5 门航炮。包括机身 2 门 MG 151 航炮，每门备弹 150 发。翼根 2 门 MG 151 航炮，每门备弹 175 发。4 门 MG 151 穿过螺旋桨射击，它们都是电击发。还有 1 门 MK 108 轴炮，备弹 90 发。Ta 152C-3 的 MG 151 配置与 C-0/1 相同，轴炮为 MK 103，备弹 80 发。

外挂武器

作为战斗轰炸机使用时，可在机身下挂载最大 500 公斤的炸弹。机身挂架可用 ETC 503 型，安装在前翼梁下方。挂架上有 4 个修形过的支架，将炸弹固定在机身下。其他的武器（例如各种火箭）在投产后也可能使用。

被动防御

座舱装甲面积有所扩大，并得到了增强，

以应对盟军战斗机火力的强化，总重量达到 150 公斤。还有进一步将背后装甲增加到 15 毫米厚度的计划。

Ta 152C-1/C-3 装甲参数如下：

Ta 152C-1/C-3 装甲参数		
位置	厚度（毫米）	重量（公斤）
发动机前方环形装甲	15	31.5
发动机后方环形装甲	8	30
风挡前方装甲	15	14
防弹风挡	70	22.5
飞行员背后装甲	8	18.2
肩部防御	5	5.9
装甲隔板	55	7.9
飞行员头部装甲	20	20
总重量	—	150

结构强度

在设计起飞重量 5000 公斤的状态下，载荷系数是正 6.3G，负载荷最大仍是 3G。挂载 500 公斤炸弹时，设计起飞重量达到 5500 公斤，载荷系数下降到 5.6G。动力系统可承受 6.8G 过载。

1945 年 1 月 5 日，第 290 号技术规范，Ta 152C	
Ta 152C-1/C-3	
用途	单座战斗机(战斗轰炸机)
构造	单发、悬臂式下单翼、液压收放起落架
结构强度	普通战斗机任务，5000 公斤重量下，最大载荷系数 6.3G
发动机型号	DB 603LA，带 MW50 系统。后期更换带中冷器的 DB 603L

续表

1945 年 1 月 5 日，第 290 号技术规范，Ta 152C		
Ta 152C-1/C-3		
尺寸	翼面积	19.5 平方米
	翼展	11 米
	展弦比	6.2
	垂尾面积	1.77 平方米
	平尾面积	2.89 平方米
	长度	10.8 米
	高度	3.38 米
	主轮	740×210 毫米
	尾轮	380×150 毫米
重量	Ta 152C-1 战斗机任务，5300 公斤	
	Ta 152C-1 战斗轰炸机任务，5500 公斤	
武器	Ta 152C-1	机身上部 2 门 MG 151 航炮，每门备弹 150 发
		翼根 2 门 MG 151 航炮，每门备弹 175 发
		1 门 MK 108 轴炮，备弹 90 发
	Ta 152C-3	机身上部 2 门 MG 151 航炮，每门备弹 150 发
		翼根 2 门 MG 151 航炮，每门备弹 175 发
		1 门 MK 103 轴炮，备弹 80 发
装甲重量	发动机装甲，6~10 毫米厚	62 公斤
	座舱装甲，5~20 毫米厚	88 公斤
	防弹风挡，70 毫米厚	—
装备	FuG 16ZY 无线电、FuG 25a 敌我识别器、FuG 125 无线电导航系统、K23 自动驾驶仪、Revi 16b 瞄准器	
燃料容量	机身内部油箱	594 升（B4）、140 升 MW50
	6 个额外机翼油箱	470 升（B4）
	机身外挂副油箱	300 升（B4）

Ta 152C-1/C-3 重量表（单位公斤），1945 年 1 月 5 日		
型号	Ta 152C-1	Ta 152C-3
后机身	384	384
起落架	245	245
尾翼（金属制）	136	136
操纵面	27	27
机翼	557	557
动力系统（防火墙之前）	1840	1840
动力系统（机身内）	217	217
一般装备	230	230
专用装备（武器）	365	457
配重	13	16
结构总重	4014	4109
飞行员	100	100
机身前油箱燃料	182	182
机身后油箱燃料	283	283
后机身 MW50，140 升	127	127
6 个机翼油箱燃料	368	368
润滑油	55	55
弹药，机身 2 门 MG 151，各 150 发	66	66
弹药，翼根 2 门 MG 151，各 175 发	77	77
弹药，发动机 1 门 MK 108，90 发	50	—
弹药，发动机 1 门 MK 103，80 发	—	75
有效载荷	1308	1333
正常起飞重量	5322	5442

Ta 152C 的原型机、生产和发展型

福克-沃尔夫最开始给 Ta 152C 系列的规划是制造 17 架原型机，其中 16 架是在扎雷全新制造的，只有 1 架是改装的测试台，即 Fw 190 V21/U1 号机。没有计划修复 V20 号原型机用于 Ta 152C 系列测试。而 Fw 190 V21/U1 号原型机在完成之后，于 1944 年 11 月 3 日首飞，很快在 11 月 19 日飞往奔驰的埃希特尔丁根机场，在这里安

停放在机库门口的 V6 号原型机。

V6 号发动机罩特写,注意进气道上方的由于发动机尺寸较大造成的明显鼓包。

Ta 152 V7 号原型机照片，摄于 1945 年 1 月 5 日。

V7 号原型机侧前方视图。

装 DB 603LA 的 V16 号原型机，进行发动机测试。

　　鉴于战况的恶化程度，德国各地工厂损失惨重，大规模原型机制造规划无法实现，最后只新造了 3 架原型机，即 Ta 152 V6，用于代表基础型 Ta 152C-0；Ta 152 V7，用于代表全天候的 C-0/R11 型；Ta 152 V8，安装了 EZ 42 型陀螺瞄准具。

V7 号原型机侧面照，背景是朗根哈根的设施。

在莱比锡被炸毁的某架 Ta 152C，据称这架原型机已经安装了 DB 603LA 发动机。

　　这些原型机还会用于 Ta 152C-1 生产型的初步测试，原来指定给 Ta 152C-1 的专用原型机 V10、11、12 号已经在 1944 年 10 月 18 日被取消。另外因为武器不同，福克-沃尔夫公司还给 Ta 152C-3 预定了另外几架原型机。但考虑到原型机工厂的状况，福克-沃尔夫公司在 1945 年 1 月 16 日的文件表明，不期望在 4—5 月之前完成

它们。于是之后只能抽调 2 架 Ta 152H-0 型作为测试机，用来测试 C-3 型的 MK 103 轴炮。这两架飞机即 V27、V28 号原型机，对应的工厂编号为 150027、150030。

　　V27、V28 号原型机还计划更改发动机，从 Jumo 213E 发动机改为 DB 603E 加 MW50 系统，然而它们最后都保留了 Ta 152H 型的配置，以

节省时间。于是它们的状态将会如下调整：配备 MK 103 轴炮，取消机身 MG 151 航炮，翼根安装 MG 151 航炮 2 门，保持 H 型的高空用机翼和 Jumo 213E 发动机。

V27 号预定在 1945 年 2 月 7 日准备完毕，V28 号在 2 月 18 日准备完毕。已知的是桑德于 2 月 1 日、2 日在朗根哈根测试过 150030 号机。

因为奔驰没有及时开始 DB 603LA 发动机生产，Ta 152C-1 原型机只能先安装已有的 DB 603E（甚至 E 型也安装的是原型机）。设计人员预计会在安装 DB 603LA 时遇到更多困难，大型进气口已经出现了问题，尽管进气口底部经过了加强，但仍然在测试时被扯掉了几次。这大概是由于进气口与排管的间隔太小，高速排气通过进气口与机翼之间时造成振动，使得进气口结构断裂。不过总的来说，测试人员对 DB 603E 的批评远少于 Jumo 213E。

到 2 月 1 日为止，V6 号已经飞行了 18 架次，共 7 小时 41 分钟，试飞员对奔驰发动机比较满意，与容克斯发动机相比，增压器控制运转得更好。毕竟奔驰发动机搭配的是变速液力传动增压器，它不会有无法切速的问题。

据称安装 DB 603E 的 V6 号原型机在测试中达成了如下性能：在战斗功率（2500 转/分，1.45ATA 进气压，ATA 表示工程大气压）下，海平面速度 547 公里/时，临界高度的速度为 647 公里/时。在应急功率（2700 转/分，1.95ATA 进气压，使用 C3 汽油和 MW50）下，海平面速度 617 公里/时，临界高度的速度为 687 公里/时。

V6 号原型机表现出了明显问题，它的重心位置太高，而且太靠后。前者导致横向稳定性恶劣至无法接受的程度，降低重心之后才有一定稳定性。后者导致安装 ETC503 挂架之后，航向稳定性也急剧恶化，以至于部队不可能在安装这种标准挂架的情况下使用飞机。如果在副油箱上安装稳定翼，可以明显改善情况，但在作战部队能否大规模推广这种措施是值得怀疑的。纵向稳定性则通过不在 MW50 液箱内加注喷液，同时安装约 40 公斤配重得到暂时处理，配重物是发动机的额外装甲。

原型机遇到的另一个问题是发动机支架，奔驰公司喜欢钢制支架，但航空部强令使用混合合金的支架以减少重量。这样做的结果是瞄准精度和航空射击测试的结果很糟。这让奔驰公司决定回头使用全钢支架，或者转用给 Do 335 飞机设计的另一种支架。另外需要注意的是，因为支架连接点不同，DB 603E 发动机和 DB 603LA 不能互换。

Ta 152C 原型机列表如下。

Ta 152C 原型机列表	
原型机 Fw 190 V21/U1	
工厂编号	0043
机身号	TI+IG
首飞时间	1944 年 11 月 3 日（伯恩哈德·马谢尔驾驶）
发动机	DB 603E No. 525①（原型发动机 V17）

---

① 发动机编号前几位数字缺失，已不可考。

续表

Ta 152C 原型机列表	
原型机 Fw 190 V21/U1	
用途	Ta 152C-1 系列的发动机测试台
备注	1944 年 11 月 3 日，由马谢尔驾驶从阿德海德飞到朗根哈根
	19 日飞到奔驰的埃希特尔丁根机场，开始改装 DB 603LA V16 原型发动机
	改装完成后，于 12 月 10 日首飞，已知测试持续到次年 3 月
原型机 Ta 152 V6	
工厂编号	110006
机身号	VH+EY
首飞时间	1944 年 12 月 12 日 (伯恩哈德·马谢尔驾驶)
发动机	DB 603Ec No. 01300145 (原型发动机 V19)
用途	一般功能检查、液压系统测试、战斗/应急功率平飞速度测试、战斗功率爬升率测试
备注	机翼面积 19.5 平方米，安装了 MW50 系统，座舱加热系统，木制襟翼
	机身延长 500 毫米，C 系列机尾，机身内 35 公斤配重，整体型发动机罩
	机身安装了 ETC503 挂架，起飞重量 4370 公斤
	V6 号在 12 月 6 日准备完毕，可飞行，17 日由马谢尔驾驶飞往朗根哈根
武器	机身 2 门 MG 151 航炮，翼根 2 门 MG 151 航炮
原型机 Ta 152 V7	
工厂编号	110007
机身号	CI+XM
首飞时间	1945 年 1 月 8 日 (伯恩哈德·马谢尔驾驶)
发动机	DB 603Ec No. 01300147 (原型发动机 V20)
用途	一般功能检查、液压系统测试、战斗/应急功率平飞速度测试、战斗功率爬升率测试
备注	机翼面积 19.5 平方米，安装了 MW50 系统，座舱加热系统，木制襟翼
	机身延长 500 毫米，C 系列机尾，机身内 9.2 公斤配重，整体型发动机罩
	机身安装了 ETC503 挂架，起飞重量 4370 公斤
	V7 号在 1945 年 1 月 5 日准备完毕，16 日飞往朗根哈根。1 月 27 日、2 月 3 日、2 月 6 日，汉斯·桑德进行试飞。1945 年 3 月开始改装 DB 603LA
武器	机身 2 门 MG 151 航炮，翼根 2 门 MG 151 航炮

Ta 152C 原型机列表	
原型机 Ta 152 V8	
工厂编号	110008
机身号	GW+QA
首飞时间	1945 年 1 月 15 日（伯恩哈德·马谢尔驾驶）
发动机	DB 603Ec No. 01300150（原型发动机 V21）
用途	一般功能检查、液压系统测试、战斗/应急功率平飞速度测试、战斗功率爬升率测试
备注	机翼面积 19.5 平方米，安装了 MW50 系统，座舱加热系统，木制襟翼
	机身延长 500 毫米，C 系列机尾，机身内 9.2 公斤配重，整体型发动机罩
	机身安装了 ETC503 挂架，起飞重量 4370 公斤
	V8 在 1945 年 1 月 14 日准备完毕，16 日飞往朗根哈根。1 月 20 日由马谢尔驾驶，从阿德海德飞往朗根哈根。1945 年 2 月在雷希林测试中心进行测试
武器	机身 2 门 MG 151 航炮，翼根 2 门 MG 151 航炮

本来 1945 年的整体情况已经很糟糕，奔驰发动机的拖延又添加了额外的麻烦。德国空军方面倒是很关心 DB 603LA 的状况，在 1945 年 1 月 22 至 28 日之间发布了下列信息："需要很多改进来满足作战适应性需求。根据戴姆勒-奔驰在 1945 年 1 月 10 日的现况清单，所有实验性和发展中的发动机系列都需要改进。改进项目还没有进行耐久测试。雷希林测试中心要求至少 20 架 Ta 152C，用于广泛测试。在目前的战况下，Ta 152H 形式的飞行测试已经不可行。"

因为缺乏预定的发动机，在生产计划方面，Ta 152C 只能准备先用 DB 603E 投产，在莱比锡（Leipzig）的通用运输设备公司（Allgemeine Transportanlagen Gesellschaft）、在哈雷（Halle）的西贝尔（Siebel）飞机制造厂、在埃尔福特（Erfurt）的中央德意志金属厂（Mitteldeutsche Metallwerke），这三家工厂应当在 1945 年 2 月至 3 月开始生产 C-1/R11 型飞机，其他工厂在 5 月开始生产。

中央德意志金属厂最初被指定生产 Ta 152E 系列侦察机，由于机身基本相同，可以将 E 系列机身用于 C 系列制造。计划从 4 月开始，生产线转换为没有相机支架和机身开口的 Ta 152C-1。已知的情况是中央德意志金属厂已经开始制造第一批 30 架 Ta 152E，但没有任何关于它们的工厂编号信息。

现在已知至少有 2 架 Ta 152C 离开了生产线。1945 年 4 月 15 日，美国人在埃尔福特北机场找到 2 架可以飞行的 Ta 152，其中包括 150167 号机，还有 1 架烧毁的 Ta 152 残骸，再加 40 个机身组件，还在组装的不同阶段中。这些组件里包括 C 型和侦察型两种。

有照片证据表明通用运输设备公司的 C-1 型生产也开始了，在西贝尔飞机制造厂还发现了 3 架没有发动机的 Ta 152 机体。根据 1944 年 7 月的工厂编号表，西贝尔制造的 Ta 152C-1/R11 会是第 36 批次，工厂编号以 360 开头，通用运输设备的则是第 92 批次，工厂编号以 920 开头。

鉴于战争形势恶化，福克-沃尔夫公司决定让扎雷工厂暂停 Ta 152C 原型机制造，直到供应状况改善。扎雷工厂的总经理，海因茨·格罗森（Heinz Gleschen）接到指示要求集中剩余资源加速生产 Fw 190D 系列，纵使 D 系列到最后都被当做临时产品。现实地看，在 1945 年大规模转产 Ta 152 没有任何可行性，扎雷工厂在这年的几个月里生产了 600 多架 D-9 型，就这项成就来讲，比不切实际地生产 Ta 152 要合适的多。

Ta 152C 是作为中空战斗机和战斗轰炸机设计的，虽然计划安装高空性能优秀的 DB 603LA 发动机，但它没有增压座舱，不能像 H 型那样在大高度上有效作战。此外 C 型也是最先安装 DB 603LA 的 Ta 152 系列，更远期的计划是换装 DB 603L 型。

与 Ta 152H 系列相同，C 系列会先从预生产型 C-0 开始，正式的 C-1 型才会安装机翼内油箱。后机身的 140 升 MW50 液箱可支持 28 分钟作战使用。由于 LA 型没有中冷器，在高功率区运转时必须使用 MW50 喷射降低进气温度。而如果 DB 603L 型能够交付使用，那么与此前的 Fw 190A 系列相同，这里也可更换为 GM1 容器，以增强高空性能。或者继续使用 MW50 系统提高中低空性能。

C-0 和 C-1 型都预定全部装备 R11 套件，包括 FuG 125 无线电导航系统、K23 自动驾驶仪、座舱加热系统。C 和 H 系列遇到了相同的稳定性问题，飞机重心太靠后，于是在 1945 年 3 月 9 日重新进行了评估。评估结果是重新分配油箱布局，共 150 升的左翼内侧和中央油箱将被换成 MW50 喷液容器，后机身的 140 升 MW50 液箱取消。这个改进演变成了 C-1/R31 型标准。已经生产的 C-1/R11 型应当将 MW50 装载量限制到不超过 115 升，或者机身后油箱的燃油不超过 280 升，以此来控制飞机重心。

正好，现任的战斗机部队总监戈登·戈洛布（Gordon Gollob）上校也因此对新战斗机表示了前所未有的失望态度。戈洛布在 340 次任务里取得了击败 150 架敌机的战绩，是个超级王牌，获得了几乎是最高等级的钻石双剑银橡叶骑士勋章，他在 1 月 31 日接任这个位置。在 3 月 17 日，他直接给福克-沃尔夫公司写了一封信，表达对新飞机的不满：

亲爱的教授！

我必须以最强烈的方式指出，完全不可能接收一架有这样负面飞行特性的飞机进入服役。但战斗机部队极为依赖于这种飞机。

我接到了通知，最初一批生产型飞机（即 H-0 型）和 C 型的测试机上，出现了未曾料到的纵向稳定性问题。技术局总管已经提出，作为一种应急措施，减少机身燃油储量 75 到 80 升，原来设计的 140 升 MW50 液箱只加注 70 升。此外，需要安装一个 58 公斤配重，后机身油箱必须从 380 升减少到 280 升……

雷希林测试中心说，8 架 Ta 152H 飞机的航向稳定性只能勉强接受。根据炮术学校的说法，射击训练不可能展开。使用 K23 自动驾驶仪只能略微改善。雷希林建议福克-沃尔夫扩大尾翼。

飞机滚转轴的稳定性也很差，8-152H 型（指 Ta 152）和 C 型都是如此。两个型号都没有满足最低的稳定性要求。

基本来说，纵向稳定性可以通过不安装自动驾驶仪、GM1 加力系统油箱、115 升辅助油箱、FuG 125 无线电，以及减少 135 升载油解决。但是，在任何情况下，减少任何一点油量，都是不能容忍的。

最后戈洛布总结说，他害怕这样干预重心会导致飞机在降落时机头过重。因为此时机身油箱已经消耗殆尽，重心又会过于前移。

3 月 29 日，福克-沃尔夫的技术人员回信说："……他们已经在这个问题上处理了一段时间，实际上，只有 7% 燃料会因为改善稳定性的减少措施而损失掉。他们也不理解取消组件这一段，因为自动驾驶仪和 FuG 125 已经包括在了飞机空重里。此外 GM1 容器和 115 升辅助油箱不能同时安装。"

从回复中可以看出，福克-沃尔夫公司对于戈洛布的说词并不愉快，但是问题还是只能以减少油量的方式解决。新机尾正在设计之中，再加上扩大的平尾，以期解决飞机的稳定性问题。

这个重心问题，也许可以说是德国战斗机设计哲学导致的最终结果。因为德国空军喜欢使用射击更准确的武器，武器射击线要靠近飞行员瞄准线，具体到飞机上就是轴炮、机头、翼根炮。在这些位置安装武器的话，发动机后方的空间便要留给武器或者弹药，其他设备需要另找位置。于是 Bf 109 和 Fw 190 都把油箱放在飞行员周围和略微靠后的位置，加装 MW50 和 GM1 系统之后，加力液箱只能放在比主油箱更靠后的机身内，此时飞机重心还能维持平衡。但到了 1943 年，新战斗机要求安装中轴 MK 103 航炮，这种巨大的武器使得 Me 209 和 Ta 152 必须在发动机和座舱之间插入机身加长段。

接下来为了平衡重心，飞机设计时将机翼前移，但这也将加力液箱进一步向后挤压。就 Ta 152 来说，在前主油箱向前移动之后，没有将后主油箱也向前移动，而是将其容量增大。

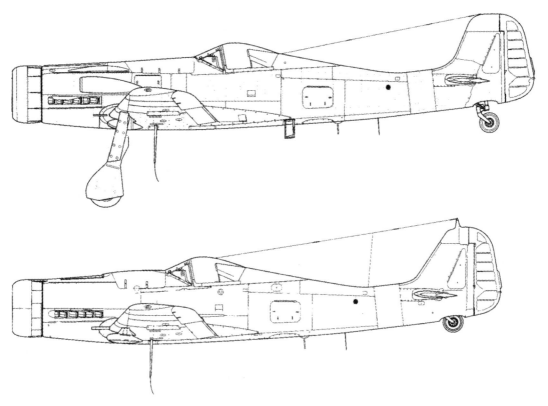

Ta 152 系列的加长前机身对比 Fw 190D 系列的短前机身。本图中以机翼位置对齐，可见机头延长和机翼前移的措施段将整个后机身向更靠后的位置移动了。

戈登·戈洛布，当时的战斗机部队总监。

这些因素叠加到一起，终于导致飞机失去稳定性。

可能在匆忙的设计过程中，重心位置计算出现了失误，或者问题被忽视了。如果重心计算没有出错的话，谭克博士应该意识到了这个问题，也许在他的眼里，飞机的稳定性是足够使用的。但无论是哪种情况，德国空军方面并不认同这个结果。

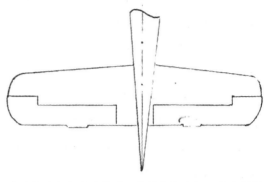

计划中的扩大平尾草图，左侧是新设计。平尾翼展增加 50 厘米，面积增加 0.45 平方米，以增加稳定力矩来解决飞机纵向稳定性问题。

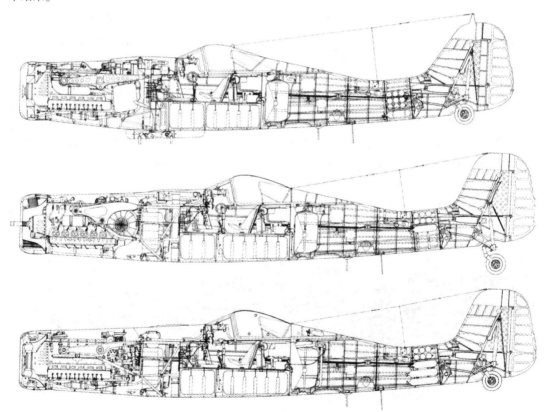

从上至下 Fw 190D、Ta 152C、Ta 152H 的内部结构。由于飞机油箱布置在座舱周围，GM1/MW50 液箱位于油箱后方，机身后移意味着这些重量很大的组件同时向后移动。最终结果就是飞机重心后移过量，失去稳定性。

除了油箱配置之外，Ta 152C 子型号之间的差别只有武器和无线电，C-1 使用 MK 108 轴炮，C-3 使用 MK 103 轴炮。C-2 和 C-4 安装 FuG 15 无线电，这个型号从 1942 年开始研发，两年后仍未解决可靠性问题，生产数量不超过 200 台，服役无望，所以对应飞机子型号也只得取消。C-5 型最初计划安装 5 门 MG 151 航炮，后又改为 MK 103 轴炮和 2 门 MK 103 翼根炮，这个配置在 Ta 152B-5 上实现。最后一个型号是 C-11/R-11，对应中央德意志金属厂利用 E 系列机身生产的 C 型。

1943 年夏季，阿德海德改装了多架 Fw 190，用于鱼雷挂载测试。最初完成的 2 架还给德国海军和空军的军官进行了展示。但后来飞行测试结果很差，对飞行员技术的要求也比较高。不过研究仍在继续，随着新战斗机的出现，设计方向也转向了 Fw 190D 和 Ta 152。

1944 年末，Ta 152 的 R14 套件设计设计图绘制完毕。实际上，一直到 1944 年 12 月 12 日为止，帝国航空部都没有发布 Ta 152C 鱼雷机的开发指示。最后的结果是用 Fw 190F、Fw 190D-9/12 R14、Ta 152C-1/R14 进行了一次对比，福克-沃尔夫公司开始反对 R14 套件，因为鱼雷的前倾状态降低了飞机航向稳定性，而且飞机机身修改的幅度大于 Fw 190F 和 Fw 190D。在计算的数字上，Fw 190D-12/R14 比 Ta 152 更合适，此后 Ta 152C-1/R14 的发展就停止了。

还有一个负面因素是 Ta 152C 尚未开始生产，意味着最初的原型机生产也会推迟很久。不过在 1945 年 3 月，V7 号原型机进行了鱼雷挂载测试，福克-沃尔夫公司准备用它检查重量和气动外形变化后的飞机飞行特性。

R14 套件的机身油箱仍是标准型号，两个油箱共 592 升，后机身 140 升 MW50 液箱。鱼雷挂架是 ETC504 型，还可以挂载 BT1400 型鱼雷炸弹。为了减轻飞机重量，固定武器只留下两门翼根航炮。其他设备包括 K23 自动驾驶仪、FuG 16ZY 无线电、FuG 25a 敌我识别器，最后是机翼内安装的 FuG 101a 无线电高度计，用于测量飞机的准确离地高度。

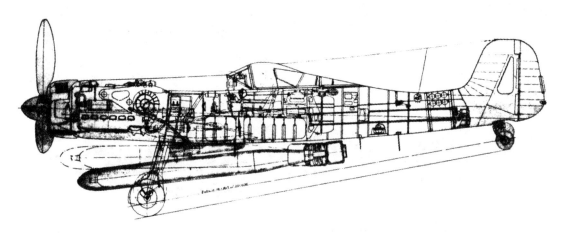

Ta 152C-1/R14 鱼雷挂载示意图，挂架可以调节鱼雷角度。

Ta 152C-1/R14 数据	
发动机	DB 603LA
武器	2 门 MG 151/20，备弹各 250 发
挂载	1 枚 LT IB 短鱼雷(780 公斤)或 1 枚 LT IB 长鱼雷(850 公斤)

型号	C-1/R14	C-1/R14，带机翼内油箱
带短鱼雷重量	5440	5780
带长鱼雷重量	5500	5850
燃料容量	592 升(B4)	1062 升(B4)
	140 升 MW50	140 升 MW50
航程(巡航速度不明)	540 公里	1040 公里

Ta 152C 的子型号列表							
子型号	发动机	机翼油箱容量(升)	MW50 容量(升)	前机身油箱容量(升)	后机身油箱容量(升)	总油量(升)	备注
C-0	DB 603E	—	140	233	362	595	预生产型
C-0/R11	DB 603E	—	140	233	362	595	预生产型的全天候战斗机
C-1	DB 603L/LA	470	140	233	362	1065	标准生产型
C-1/R11	DB 603L/LA	470	140	233	362	1065	到 1945 年 3 月 9 日为止，带低压 MW50 喷射系统
C-1/R11	DB 603L/LA	470	115	233	280	983	1945 年 3 月 9 日起，减小后机身油箱和 MW50 装载量
C-1/R14	DB 603E/LA	470	140	233	362	1065	计划作为鱼雷机
C-1/R15	DB 603E/LA	470	140	233	362	1065	计划作为 BT1400 鱼雷炸弹载机
C-1/R31	DB 603L/LA	320	150	233	362	915	1945 年 3 月 9 日开始，MW50 液箱改到机翼内
C-2	DB 603L/LA	470	140	233	362	1065	安装 FuG 15 无线电代替 FuG 16ZY，1944 年 12 月 15 日取消
C-2/R10	DB 603L/LA	470	140	233	362	1065	同 Ta 152C-2，用 Ta 152E-1 机身
C-2/R11	DB 603L/LA	470	140	233	362	1065	同 Ta 152C-2，有全天候套件
C-3	DB 603L/LA	470	140	233	362	1065	修改武器配置

续表

子型号	发动机	机翼油箱容量(升)	MW50 容量(升)	前机身油箱容量(升)	后机身油箱容量(升)	总油量(升)	备注
Ta 152C 的子型号列表							
C-3/R11	DB 603L/LA	470	140	233	362	1065	同 Ta 152C-3，有全天候套件
C-4	DB 603L/LA	470	140	233	362	1065	安装 FuG 15 无线电代替 FuG 16ZY，1944 年 12 月 15 日取消
C-4/R11	DB 603L/LA	470	140	233	362	1065	同 Ta 152C-4，有全天候套件
C-5	DB 603L/LA	470	140	233	362	1065	修改武器配置，安装 FuG 15 无线电代替 FuG 16ZY
C-5/R11	DB 603L/LA	470	140	233	362	1065	同 Ta 152C-5，有全天候套件
C-6	DB 603L/LA	470	140	233	362	1065	安装 FuG 15 无线电代替 FuG 16ZY，1944 年 12 月 15 日取消
C-6/R11	DB 603L/LA	470	140	233	362	1065	同 Ta 152C-6，有全天候套件
C-11/R11	DB 603L/LA	470	140	233	362	1065	类似 C-1/R11，机身是 E 系列侦察机的

其他备注		
动力系统	DB 9-8603 B1/TEA	DB 603E 发动机，有 MW50 系统
	DB 9-8603 B1/TLA	DB 603LA 发动机，无中冷器，有 MW50 系统
	DB 9-8603 B1/TL	DB 603LA 发动机，有中冷器
武器	Ta 152C-1/2	2 门 MG 151 机身炮、2 门 MG 151 翼根炮、1 门 MK 108 轴炮
	Ta 152C-3/4	2 门 MG 151 机身炮、2 门 MG 151 翼根炮、1 门 MK 103 轴炮
	Ta 152C-5/6	2 门 MG 151 翼根炮、1 门 MK 103 轴炮
R11 套件	R11 套件是给各型 Ta 152C 安装的全天候飞行组件，包括 FuG 125 导航系统、LGW K23 自动驾驶仪、座舱加热系统	
其他	飞机稳定性有问题，需要一系列修改。现在的 Ta 152C 系列无 GM1 系统可用	

戴姆勒-奔驰公司的发展部工程师霍尔茨（Holz）在1944年底关于早期型DB 603E发动机安装到3架Ta 152C原型机的成绩和问题做了一份内部备忘录，具体内容如下：

Ⅰ. 当我抵达阿德海德时，安装DB 603E V24发动机的Ta 152C V6原型机已经到了朗根哈根，进行进一步飞行测试。没有关于这台发动机的不满意见。在朗根哈根，穆勒索恩（Müllerschön）先生已经完成了MW50特别系统运转的调整和测试，增加了发动机输出。在重量上，飞机比计算的要轻总共60公斤，包括机尾内的35公斤配重。发动机仍然安装着W 90系列增压器。在发动机更换时，旧发动机上的离心增压器被拆下来带到了朗根哈根，可以在测试暂停时作为替换件使用。在发动机总共运转2.5小时之后，发现滑油散热器有泄漏（V2版本）。为了立刻维修，拆下在阿德海德的DB 603E V19号原型发动机的滑油散热器，由联络员送到了朗根哈根。

Ⅱ. 下一架飞机，Ta 152C V7号安装了DB 603E V20发动机，按照福克-沃尔夫的设计，发动机整流罩严实地连接在机身上。DB 603E V20号原型机是新发动机，增加了功率，但仍安装W 90系列增压器。很快就会安排换用旧发动机的增压器。1号框架和1a号之间下部蒙皮上的检查窗盖板问题，在内部备忘录 Nr. 6511 上提到过，但机身量产已经开始，福克-沃尔夫没有遵循备忘录。为了利于戴姆勒-奔驰（的发动机），这个检查窗盖板应该是强制安装的。收到的自动点火装置已经安装到了 Ta 152 V7 上。两套给 Ta 152 V6 和 V8 号的额外装置应当由特别联络员送达。

Ⅲ. DB 603E V19号发动机要进行额外点火测试，获得全部设备，成了全新的功率更大的发动机。更换了增压器，安装了自动散热片，散热片也是增强过的。不过在这里发现了上面的三个散热片尺寸不同。新的增强散热片和旧的很相似，在 W 62① 制作，可用于立刻更换。在拆除DB 603E V19 的散热器时，发现在机匣上滑油散热器下面的冷却空气导板有大约2毫米磨损，因此导板会被缩小。假定关闭时完全密闭的情况下，散热片的打开角度没有达到计算的额定值。在外界气温很高时，如果需要5至10毫米开口，则要调大打开角度，放弃在关闭时完全密闭。计算和得到的结果已经交给了 W 62，以进一步检查。

戴姆勒-奔驰发展部内部备忘录
签名：霍尔茨 1944年12月27日

第四节　Ta 152H 高空战斗机

面对各种高空侦察机和轰炸机的威胁，德国空军一直在寻求某种专业的高空截击机。美国陆航参加欧洲战场之后，这一需求更为迫切，因为只有美国在世界大战中量产了废气涡轮增压器，并广泛地安装在重型轰炸机上。在废气涡轮的推动下，早期B-17和B-24的平飞临界高度超过9000米。虽然受到各种因素制约，它们

---

① W 62 可能是 werke 62，62号工厂的保密缩写，现已无法查明详情。

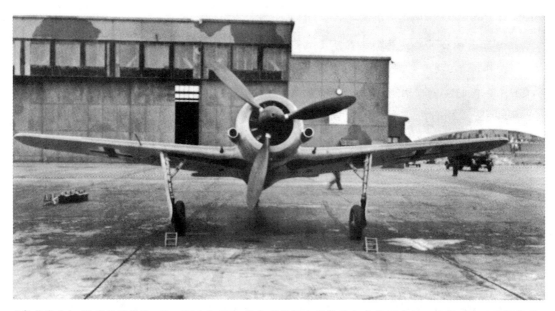

"高空战斗机 1"项目的结果，Fw 190A-3/U7。这个型号拆除了装甲和多余的武器，只留下 2 门翼根航炮。发动机本身的性能没有改变，但把内置进气道改到了机外，尽量利用高速冲压效应来提高临界高度——原来的内进气道会降低空气速度。

通常的轰炸高度在 6000 米至 7620 米之间，这也比典型的英国轰炸机高很多。

英国人的主力型号，各种"兰开斯特"轰炸机都装备一级二速机械增压的"灰背隼（Merlin）"发动机，在早期原型机测试时，这个系列发动机的临界高度约为 6100 米。随着汽油性能提高和发动机功率增加，到了 1944 年时，临界高度已经下降到 3050 米。皇家空军主要在夜间进行轰炸，执行任务的飞行高度比较低，多在 4000 米左右。各种德国战斗机拦截英国轰炸机没有问题，拦截高空进入的美国轰炸机就相对麻烦了。

高空侦察机则通常都在万米左右高度飞行，即使它们所用发动机临界高度达不到这个水平，这些飞机也可以通过长时间爬升达到这种高度。在这种情况下，就非常需要

专用截击机来拦截它们。接着德国人获得了美国新型轰炸机的信息，B-29 将携带更多炸弹，飞得更高、更快、更远，德国人拿不到准确的情报，只能猜测它的性能——显然会大幅度超过 B-17，那就需要能有效拦截它的战斗机。

从斜前方看 Fw 190A-3/U7 的外置进气道，与普通 Fw 190A 的区别很明显。依赖冲压效应只是治标不治本的措施，外置进气道会增加阻力，减小飞机整体速度。在这一点上，Fw 190A 设计之初便为了减阻使用内置进气道，而其他大多数战斗机都使用外置进气道。

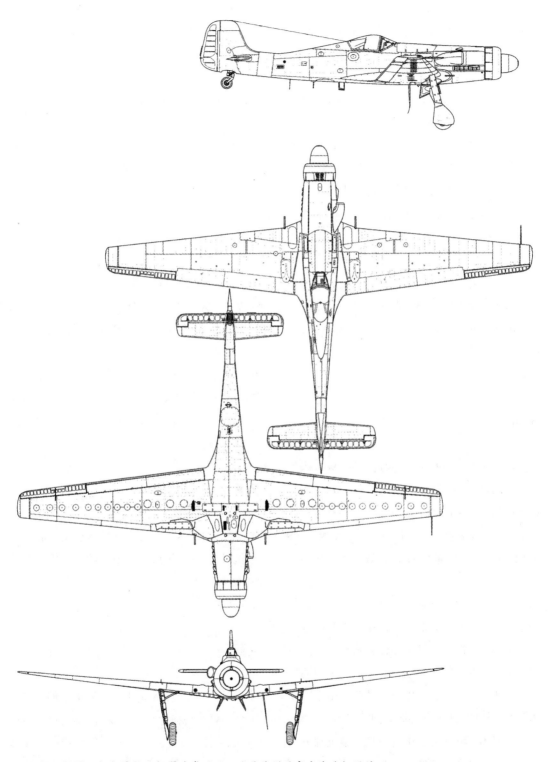

Ta 152H 四视图，超大展弦比机翼非常显眼，这是典型的高空战斗机设计。

与之相对应，福克-沃尔夫这边已经进行了"高空战斗机1""高空战斗机2"两个项目，但最后都没能走到投产的阶段。终于到了1943年12月7日，航空部要求福克-沃尔夫给计划中的新高空战斗机，即Ta 152H方案制作6架原型机。

同其他Ta 152型号一样，H型也要求尽量使用已有工具和组件。基于此要求，Ta 152H的机身与C型基本相同，主要区别是Jumo 213E发动机、大展弦比机翼、增压座舱。为了尽量增加整体性能，H型将同时安装MW50系统和GM1系统。相对于C型，H型的武器比较少，只有MK 108轴炮和2门MG 151翼根炮，主要是为了减轻飞机重量，而机头武器是什么时候从标准型基础上取消的尚不清楚。同时DB 603L/LA两种发动机将作为备选型号，因为它们也是二级增压发动机，临界高度与Jumo 213E接近。

机身

H型的机身同C型，相对于Fw 190A系列包括下列改动：前机身增加了772毫米延长段，给MK 103轴炮提供空间，延长段直接栓接在已有的发动机安装点上。但H型安装的是MK 108航炮，以减轻重量，也不准备安装MK 103航炮。

机翼同样向前移动420毫米，安装在延长段正中。相应的后翼梁的结合处和机身隔板改动，油箱盖和相应的机身部分重新设计。后机身安装了500毫米延长段。氧气瓶、轴炮的压缩空气罐位于后方延长段里。最后是附带的结构加强，杜拉铝制挤压件改为钢制零件。

与C型不同的是，H型的机身中央部分是增压座舱，这个部分体积约为1立方米。周围蒙皮接缝用DHK8800胶进行密封，此外还设计

了更紧密的铆钉方案。滑动的座舱盖则使用环形管密封，管内部分填充泡沫橡胶，用一个1升的压缩空气瓶通过减压阀加压到2.5倍大气压。如果需要抛弃座舱盖，密封管必须先泄压，然后才开座舱盖锁，接下来就能抛弃舱盖。为了避免风挡起雾，该部件采用双层玻璃设计，外层8毫米厚，内层3毫米厚，间隔6毫米。夹层内有8个硅胶胶囊，可吸收水分，干燥空气。

穿过密封墙的管线有6处，都需要密封：1.电线，由德国电器公司（AEG）生产的导管密封；2.液压管线，双法兰导管密封；3.升降舵控制线，可旋转的导管，径向密封；4.方向舵控制杆，填料函密封；5.副翼控制杆，橡胶密封盒；6.发动机控制杆，克克斯自己生产的导管密封。

发动机组件舱口用泡沫橡胶圈密封，由一个由中央闩锁控制。防火墙前的武器舱口也是类似的设计，同样在Ta 152C上安装，作为气封装置使用。Ta 152C的机身在设计时就尽量方便让高空型安装增压座舱，所以H型和C型之间只有以上密封措施不一样。

起落架

原有的起落架支柱，包括减震支柱和支座全部留用。电动收放系统改成液压，机轮改用740毫米×210毫米尺寸。尾轮结构加强，轮胎尺寸为380毫米×150毫米。

尾翼

平尾和升降舵保留不变，为了增加航向稳定性，垂尾（现在为1.77平方米）和方向舵的面积扩大。垂尾、平尾、机身尾部组成一个整体组件。平尾配平方式改变，由Fw 190的安定面可调改为升降舵可调。机身尾部组件准备从杜

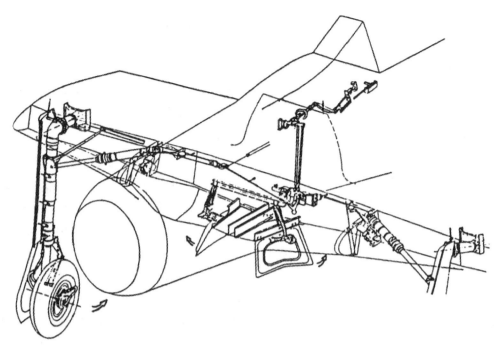

Ta 152H 的液压起落架系统。

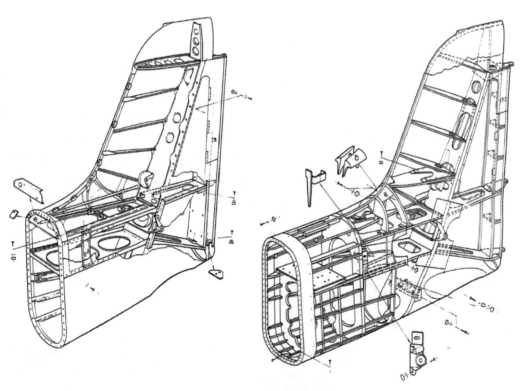

Ta 152 的机尾是一个独立组件，连接在机身后方。设计方案有两种：全金属的(左侧)只包含垂尾和平尾，还需要独立的机身延长段；木制的(右侧)则包括延长段。

拉铝改成木制，原本独立的 500 毫米延长段取消，融合到机尾组件内，气动外形也有所修整。使用木制机尾的主要目的是试图有效利用德国的木材加工业，让他们提供额外产能。

控制系统

由于主翼有很大区别，副翼和襟翼是全新的，单个副翼面积为 0.56 平方米，单个襟翼面积为 1.36 平方米。控制系统本身也有所变化，除了连接处要修改，穿过座舱的位置也需要密封。

机翼

机翼中央插入 500 毫米宽度的翼梁，起落架支座向外移动 250 毫米，这个部分与 Ta 152C 相同，内翼段的结构改动较少。外翼段则不同，向外延长了很多，现在的翼展达到 14.4 米，面积为 23.3 平方米。机翼基础设计原则没有变动，硬壳结构，前翼梁作为主要横向承力构件。福克-沃尔夫很早之前就在给 Fw 190 和 Ta 152 系列计划钢制组件，用于翼梁和蒙皮，不过会比铝制组件重 15%~25%。在新机翼上，全钢制的前翼梁只延伸到起落架安装点外。横向受力同时由全翼展的后翼梁和机翼前缘承载，机翼的全弦长翼肋之间增加了一些加劲肋，作为结构补强措施。这种设计使得机翼下表面必须加装很多检修口，用于安装加强组件或者维修它们。需要注意 Ta 152C 型同样有检修口，但数量较少。

Ta 152H 设计使用高度远超以往的战斗机。在这种高度上，由于空气密度很小，飞机的真空速虽然高，但表速却很低。为了增加升力，保证飞机的低速机动性，H 型的机翼设计也比较特别。首要改进措施就是增加翼展，扩大展弦比到约 9.35。其次是机翼翼根的安装角比之前更大，同时翼尖安装角较小，有 2.5 度至 3 度的扭转。这样在高空低表速飞行时，机翼仍然有足够升力。而且飞机高攻角时，机翼的扭转可降低外翼段攻角，让翼尖失速比翼根慢，保证副翼的操纵性。但在原型机阶段，比较复杂的新机翼额外拖慢了计划进度。

因为 H-1 型还要再每侧机翼内安装 3 个袋状油箱，这个部分需要补强，同时额外增加了 3 个安装用检修口。所有检修口都是圆形，H-1 型内侧机翼段的检修口尺寸较大，从飞机底部看起来相当明显。但即使经过了加强，仍然没有逃脱大展弦比机翼的同性——刚度较低，设计载荷系数从短机翼的 6.5G 下降到了 5G。

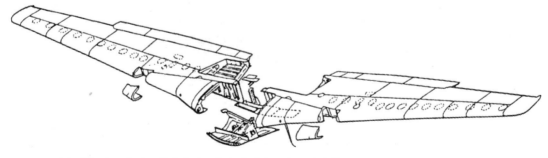

Ta 152H 的机翼组件示意图，蒙皮上圆形部分是对应下表面的检修口。

同样为了方便工厂维修，计划将之前整体式的机翼结构改为两个组件，分离点位于机翼正中，这里设计成楔形对接带，栓接在前翼梁的上下凸缘上。

备选动力系统

Jumo 213E 是当时唯一可用的高空发动机，但 Ta 152H 还是准备了改换 DB 603L/LA。如果改装奔驰发动机，机头和机身需要一定修改，发动机附件和控制系统也要相应变动。

V33 号原型机的 Jumo 213E 发动机，涂有"Bau 8"字样的罩子位置是进气口和增压器。

动力强化

之前的德国战斗机都可选择安装 MW50 或 GM1 系统，无论是 Fw 190 还是 Bf 109，两种系统的喷液容器都位于后机身，而且外部尺寸完全一样。此前的战斗机只能选择安装其中一种，如前文所述，Ta 152B/C 也是如此，但 H 型可同时安装这两种系统。

MW50 系统的液箱是在左翼内油箱的位置，容量 70 升。在每小时 150 升的较低流量下，可以使用 28 分钟。应急功率使用时间限制在 10 分钟，可在发动机降温后再度打开，总共分开使用三次。喷射由电磁阀控制，飞行员将油门推过限制，到 110% 位置时自动开始。

系统所使用的喷液为 50% 甲醇、49.5% 水、0.5% 抗腐蚀剂。在喷入进气道入口后，甲醇和水吸收热量汽化，降低汽缸燃烧前温度，让发动机更不容易爆震，可以更高进气压力运转，从而输出更大功率。原则上来讲只喷水即可，但高空低温环境下，水会结冰。所以必须有抗冻剂，这就是甲醇起到的作用，它同时是辛烷值超过 100 的燃料，抗爆震性能很好。MW30 或者 EW50 喷液是备用选项，前者含 30% 甲醇，后者含 50% 乙醇。

MW50 系统只能在发动机临界高度以下使用，这套加力系统仍依赖于增压器带入的空气，只有增压器还能提供更高进气量时，才能通过增加进气压来加强功率输出。而在临界高度以上，喷液只能起到降低燃烧前温度的作用，稍微增加功率。另外的小问题是，在液箱压力由增压器提供的情况下，超过临界高度之后供液压力也会下降，甚至进入供液量不足的状态。

作为加力系统，使用 MW50 时，发动机负荷增加比较大。经常使用该系统的情况下，发动机的火花塞寿命会下降到 15 至 30 小时，对地勤维护造成比较大的压力。

因为 MW50 系统无法有效增加高空功率，所以必须要有 GM1 系统辅助。GM1 容器位于后机身，容量 85 升，内部是低温储存的液态一氧化二氮。GM1 系统的喷射点仍是增压器入口，喷出后一氧化二氮吸热汽化，同样起到降低燃烧前温度的抗爆震作用。进入气缸后，一氧化二氮气体继续受热，分解成氮气和氧气，直接给汽缸供氧提高功率。

GM1 喷射分为三个挡位：每秒 60 克、每秒 100 克、每秒 170 克。在每秒 100 克的消耗率下，可以使用 17 分钟左右，而每秒 170 克的流量下最多可增加 410 马力功率。控制方式与 MW50 系统一样，不过只会在临界高度以上开启。这个系统在临界高度以下工作时容易造成燃烧室压力过大，损伤汽缸，所以不允许使用。

燃油系统

与其他型号相同，机身前油箱仍继承 Fw 190A 系列的型号而无需改动，容量 233 升，位置前移。后油箱扩大到 362 升，总油量为 595

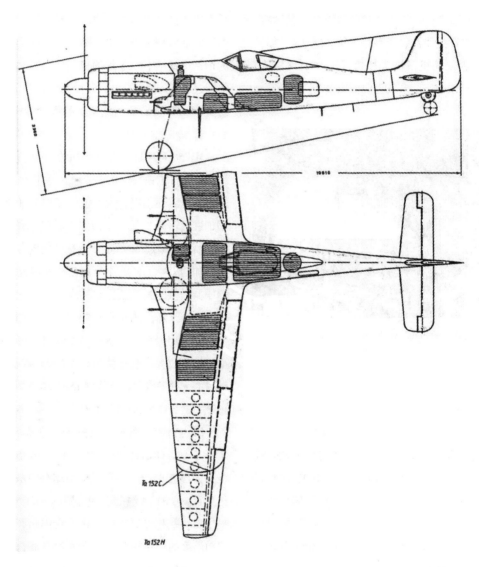

Ta 152C 和 Ta 152H 的燃料系统布局示意图，从此图中也可看出两个型号只有机翼设计差距较大。在重心问题出现之前，H 型的后机身容器用于携带 GM1，C 型则是 MW50 液箱。H 型在左侧机翼内部是 MW50 液箱，C 型在机翼内全部是油箱。飞机机身最前方的是滑油箱和液压油箱。

某架 H 型原型机的座舱，可能是 V29 号的。机舱内安装了一些非标准仪表，例如右上角手写标注的
"外界大气"，中央下方的"润滑油"和"冷却液"。此外也没有瞄具和弹药计数器。

升。油箱有比较厚的外壳保护，下面和侧面是16毫米，上面是12毫米。

Ta 152H 可以使用传统的机身外挂副油箱，容量为 300 升，燃油转移靠增压空气进行。Ta 152H-1 在机翼内安装 6 个袋状油箱，通过机翼下表面的维护舱盖安装，其中之一是 MW50 液箱，其余 5 个油箱的容量为 400 升，燃油转移同样靠增压空气进行。如果需要执行更远航程的任务，也可使用 300 升或后来的 600 升副油箱。

滑油系统

滑油箱与 Ta 152C 相同，为 72 升，位于机身延长段的右侧，贴着轴炮。滑油箱由薄钢板制成，前方有 8 毫米厚装甲，给它提供防护。

一般装备和座舱增压

同样的，一般装备来自于 Fw 190A 系列，除了襟翼和起落架的电动系统改为液压以外，还有改用 Jumo 213E 发动机造成的少量变化。飞机安装了一台克诺尔(Knorr)公司生产的 300/10 型空气压缩机，用来给座舱加压。它直接和发动机连接在一起，从发动机获得动力，作为附件之一运转。

压缩机的空气进口位于发动机散热器前方，空气先流经一个过滤器，通过单向阀门和调节活塞之后进入座舱。在压缩机关闭时，单向阀也会关闭，防止座舱内空气通过压缩机向外逆流泄漏。加压系统从 8000 米高度开始运作，有一个背压调节阀管控舱内压力，让压力维持在0.36 倍大气压。在外界大气压只有 0.23 倍标准大气压时，超压安全阀会启动，防止增压座舱内静压过大。

按照这个设计，在 8000 米以下高度，座舱是无增压的，空气通过进气口内的单向阀流向座舱，这个单向阀会在开始增压时关闭。另有一个滑动阀门控制增压空气和外界空气流进座舱的比例，以此调节座舱内温度。预计加压时的座舱加热会是个问题，如果在高空测试时出现座舱加热过度现象，计划将对增压空气进行冷却。

主要一般装备包括：FuG 16ZY 无线电(包括收发机)，FuG 25a 敌我识别器、FuG 125 无线电导航系统、罗经复示器、转弯倾斜指示器、其他导航用设备、K23 自动驾驶仪、克诺尔300/10 型空气压缩机、Revi 16b 瞄具，计划改装 EZ 42 型陀螺瞄具。

专用装备

Ta 152H-0/1 型的武器相同。包括翼根 2 门MG 151 航炮，每门备弹 175 发，穿过螺旋桨射击，都是电击发。还有 1 门 MK 108 轴炮，备弹90 发。因为 MK 108 的初速较低，弹道下坠程度比较大，航炮和发动机的安装角之间有 35 分夹角，让它略微朝上射击。

外挂武器

因为 Ta 152H 作为纯粹的战斗机设计，它不能挂载炸弹，只能挂载副油箱，但在机翼下挂载火箭弹是可能的。

被动防御

与 C 型相同，座舱装甲面积有所扩大，并得到了增强，以应对盟军战斗机火力强化，总重量达到 150 公斤。还有进一步将背后装甲增加到 15 毫米厚度的计划。

Ta 152H 装甲参数如下：

Ta 152H 装甲参数		
位置	厚度(毫米)	重量(公斤)
发动机前方环形装甲	15	39
发动机后方环形装甲	8	22.5
风挡前方装甲	15	14
防弹风挡	70	22.5
飞行员背后装甲	8	18.2
肩部防御	5	5.9
装甲隔板	55	7.9
飞行员头部装甲	20	20
总重量	—	150

结构强度

飞机上与 Ta 152C 相同的组件，具有同样的最大载荷系数。但主翼的载荷系数只有 5G，还是在轻载重量下，这降低了整机的可用过载。因为实际的正常起飞重量超过设计很多，正常起飞重量下的可用过载仅略超过 4G。

Ta 152H 重量如下：

Ta 152H 重量表(单位公斤)，1945 年 1 月 15 日		
型号	H-0	H-1
后机身	412	412
起落架	245	245
尾翼(金属制)	136	136
操纵面	35	36
机翼	629	654
动力系统(防火墙之前)	1822	1822
动力系统(机身内)	170	248
一般装备	224	247
专用装备(武器)	233	233
配重	14	1
结构总重	3920	4031

续表

Ta 152H 重量表(单位公斤),1945 年 1 月 15 日		
型号	H-0	H-1
飞行员	100	100
机身前油箱燃料	172	172
机身后油箱燃料	268	268
后机身额外油箱 115 升	85	—
4 个机翼油箱燃料	—	296
后机身 GM1 容器 85 升	—	104
机翼内 MW50 液箱 70 升	—	64
润滑油	55	55
弹药,翼根 2 门 MG 151,各 175 发	77	77
弹药,发动机 1 门 MK 108,90 发	50	50
有效载荷	807	1186
正常起飞重量	4727	5217

Ta 152H 的原型机、生产型和其他发展型号

1943 年 12 月,福克-沃尔夫发表 Ta 152 系列概览时,给 Ta 152H 型计划了 3 架原型机,即 Ta 152 V3、Ta 152 V4、Ta 152 V5 号。但计划之初,就已经预期这些原型机不太可能在 1944 年 8 月之前完工,所以公司准备在阿德海德将 Fw 190 V33 号改装成 H 系列的原型机。出现了一系列额外拖延之后,福克-沃尔夫公司决定取消原定的 3 架原型机,转而改装已有的飞机,以代替航空部的要求——制造 6 架原型机。

考虑到 Ta 152 设计方案的本质,改装已有飞机加快研发进度也是合适的。Ta 152H 项目可以利用这些原型机作为测试平台,尽快开始Jumo 213E 发动机测试,以及检查飞机的操纵品质。

到了 1944 年 8 月 23 日,福克-沃尔夫已有

下列原型机:

Fw 190 V33/U1(GH+KW),1944 年 7 月 13 日首飞。首飞当日在从阿德海德到朗根哈根的转场飞行中坠毁,飞机被判定为 70% 损伤,只能注销。

Fw 190 V30/U1(GH+KT),1944 年 8 月 6 日首飞。8 月 23 日在进场时坠毁,100% 损伤,试飞员阿尔弗雷德·托马斯死亡。

Fw 190 V29/U1(GH+KS),1944 年 9 月 24 日首飞,结局不明。

Fw 190 V18/U2(CF+OY),1944 年 11 月 19 日首飞。1945 年 4 月 6 日停放在赖恩森恩(Reinsehlen)基地,后被炸毁。

Fw 190 V32/U1(GH+KV),1943 年 12 月飞往埃希特尔丁根,拆除了 DB 603S 发动机和废气涡轮,改用 DB 603G 发动机,更换了新机翼。首飞时间不早于 1945 年 1 月 30 日,同样停放在赖恩森恩基地。

这些原型机最初都是给"高空战斗机 2"项目准备的，现在转用于 Ta 152H。此前的 1943 年 5 月 28 日，V31 号（GH+KU）原型机在迫降时损毁，无法修复参加 Ta 152H 项目。所以预定改装 6 架飞机，最终改装了 5 架。

改装过后的原型机包括以下特征：前机身加长 775 毫米、后机身加长 500 毫米、增压座舱、机身后油箱 292 升、机身前油箱 230 升、新的大展弦比机翼、无武装、无 GM1 系统。

V30/U1 号原型机发动机整流罩特写。

第 3 架原型机，V29/U1 号，这是该机开始测试后不久拍下的照片。该机也用来测试过侦察型的潜望镜。在缺乏装备、起飞重量只有 4200 公斤的情况下，飞机操纵性还算可以接受。

V30/U1 号原型机侧面照片。

V32/U1 号原型机，已经拆除废气涡轮，改装了 23.5 平方米的新机翼，但它的机翼没有扭转。此时安装的发动机是 DB 603G，在 1944 年 9 月更换为 Jumo 213E，10 月又更换了 Ta 152 V25 号的量产型机翼。据称在 1945 年初安装了 MK 213 转膛炮作为轴炮，4 月初被放弃在赖恩森恩，可能在那里被炸毁了。

福克-沃尔夫公司另外安排了一架全新的原型机，Ta 152 V25 号，由扎雷工厂制造，以替换早早坠毁的 V33 号原型机。这架原型机比较完善，更接近于 H-1 型，带有机翼油箱和 MW50 系统。

此外，福克-沃尔夫在 1944 年 8 月 23 日的清单里预定了 Ta 152H-0 的装备，将以如下状态于 10 月开始生产：1. 无机翼油箱；2. 无 MW50 系统；3. 有 GM1 系统。

不过这只是计划方案，两个月过后情况又不一样了。由于 Ta 152 V25 制造推迟，但预定给它搭配的机翼已率先完成，因为这个机翼带有 4 个油箱，它将转用于 V32/U1 号原型机，此时后者也在改装中。这样 V32/U1 号就比较类似于 H-1 型，有 3 个机翼油箱，1 个 MW50 液箱，后机身 GM1 液箱，FuG 16ZY 无线电，但仍未配备武器。

施尼尔参加福克-沃尔夫测试项目比较晚，他先负责测试双座的 Ta 154 夜间战斗机，测试

小组解散后，桑德把他召回来，接替 1944 年 4 月 18 日 Ta 152 V9 原型机坠毁事故中受伤的巴特希。不过施尼尔还继续在展示飞行中驾驶 Ta 154，甚至有一次用 Ta 154 在盘旋中胜过了 Bf 109H 原型机。

施尼尔在 Ta 152 历史上留下了最高飞行高度纪录，此时战争已经进入最后一年，在 1945 年 1 月 20 日，他驾驶第 3 架原型机 V29/U1 号从朗根哈根起飞，进行高空测试。施尼尔后来说起这次飞行：

在这次创纪录飞行之前，我达到的最大高度是 11000 米。现在我要确定 Ta 152H 能达到的最大高度。那时候德国的高度计刻度只有 12000 米，于是装上了一只意大利高度计，它的刻度有 14000 米。飞机经过了反复检查。飞行正常开始，每隔 1000 米高度，我就将数据（速度、高度、座舱压力、温度）用无线电通知地面。到了 10000 米高度，我尝试给座舱密封管充气，但结

果不太妙。因为漏气，座舱内压力不比外界高多少。超过 10000 米后，我的肘部和膝盖又痒又痛。我觉得我的动作越来越僵硬。到了 12000 米高度，我用无线电呼叫说普通高度计已经爆表了。我继续慢慢爬升，感受到自己飞得比以前更高。我的视野越来越窄，就好像在看电影一样。天空的颜色无与伦比，从深蓝过渡到黑色，穿过每一片阴影，再从深蓝色到地平线上的白色。因为右手已经失去知觉，我靠左手继续飞行。过了一会儿，我遇到了更多麻烦，没法继续爬升了，便决定返航。在下降时，我又进行了几次速度测试，并在无线电中将结果告知朗根哈根的地面控制站。

我降落时已经到了晚上，发现技术人员正紧张地等待着我，他们通过无线电监听着整场飞行。所有人都急切地想评估气压计的结果，看能展示出什么。数据可以从记录条带上读出来，它标示我达到了 13654 米高度。

这次试飞中，飞机的海平面爬升率为每秒 16.8 米，2500 米高度的爬升率为每秒 16 米，没有使用 MW50 和 GM1 系统。据一些说法称，施尼尔事后说他测试了飞机的俯冲极限，飞到了 0.96 马赫，飞机猛烈震颤。但这个说法的可靠性很值得怀疑，现在也无确凿证据可证明此事。已知确证的活塞战斗机最大马赫数是"喷火"侦察型在 1952 年达成的，为 0.96 马赫。"喷火"的机翼相对

弗里德里希·施尼尔，
Ta 152 高度纪录创造者。

厚度较低，可延缓激波产生，展弦比也较低，另外侦察机没有武器开口，表面更光洁，这都是 Ta 152H 不具备的优势。

1945 年 1 月 30 日，福克-沃尔夫出具了安装 Jumo 213E 的 Ta 152H 测试报告，包括所有已经完成的原型机测试结果。Ta 152H-1 生产开始时，阿德海德的原型机工厂已经交付了以下飞机：

1. Fw 190 V33/U1，工厂编号 0058，Ta 152H，机身号 GH+KW，首飞日期 1944 年 7 月 13 日。

2. Fw 190 V30/U1，工厂编号 0055，Ta 152H，机身号 GH+KT，首飞日期 1944 年 8 月 6 日。

3. Fw 190 V29/U1，工厂编号 0054，Ta 152H，机身号 GH+KS，首飞日期 1944 年 9 月 24 日。

4. Fw 190 V18/U2，工厂编号 0040，Ta 152H，机身号 CF+OY，首飞日期 1944 年 11 月 19 日。

Ta 152H，0058 号在从阿德海德到朗根哈根的转场飞行中，坠毁在弗希塔附近，损伤 70%，只飞行了 36 分钟。0058 号的襟翼和起落架在首飞之前的测试中表现完美，在飞行中右侧起落架无法锁定，因为可动的起落架轮盖与固定的起落架门卡住了。起落架门在第二次试飞前进行过调整，但右侧起落架仍无法锁定。因在转场中坠毁，没有对原因进行进一步检查。

Ta 152H，0055 号在测试项目中飞行了 10 小时 3 分钟后坠毁，时间是 1944 年 8 月 23 日。飞机的 Jumo 213E 发动机在测试中出现了多个问题。每次高空飞行时，到了 9000 米高度，增压器无法切到第三速。因为燃油泵不适合高空使用，还导致了燃油油压下降。1944 年 8 月 19

日，雷希林测试中心第一次试飞 V30/U1 号。8 月 23 日的高空飞行中，Jumo 213E 发动机起火，火灾没有蔓延，GH+KT 号在降落时坠毁，100% 损伤。（报告本身没有提到阿尔弗雷德·托马斯身亡的事情。汉斯·桑德后来说："发动机在高空起火后，V30/U1 在阿德海德进场降落时坠毁，我们只知道这么多，没有无线电联络。"）

Ta 152H, 0054 号是第一架测试了很长时间的飞机。1944 年 9 月 27 日，雷希林测试中心评估了飞机的飞行特性，在起飞重量 4200 公斤的轻载情况下，并作出了以下评价：

1. 放下襟翼后，纵向轴的配平变化可以接受；

2. 失速特性令人不适，但仍算可接受；

3. 航向稳定性很弱，飞机有侧滑倾向；

4. 在现有重心位置下，飞机的俯仰很稳定。

需要注意，此时雷希林测试中心评价的是原型机，而生产开始后，用 ETC500 挂架在机腹挂载 300 升副油箱时，本就不好的航向稳定性会进一步恶化。ETC504 挂架的位置略为不同，使用这种挂架能避免稳定性继续下降。还发现超压安全阀实际在 9750 米高度启动，而不是 8000 米。此外有座舱盖和风挡结冰的问题。Jumo 213E 发动机则有增压器喘振的毛病，容克斯公司试图通过扩大旁通管截面到 15 平方厘米解决问题，但结果并不令人满意。

到批量生产开始时，V29/U1 号机已经飞行了 20 小时 13 分钟。又因为发动机故障，该机在 11 月 2 日至 27 日之间无法飞行。V29/U1 号在 1945 年 1 月 31 日进行了性能测试，这次测试中，它在 10800 米高度达到了每小时 708 公里的最大速度。

V18/U2 号机在批量生产开始后才完成，没有用于试飞。1944 年 11 月 19 日，它从阿德海德转场到朗根哈根，11 月 21 至 25 日位于科特布斯，供飞行员熟悉。然后该机停飞维护，花了接近两周时间维修，到 12 月 10 日才再度升空。12 月 23 日，它发生了一起起飞事故，导致飞机轻微受损，右侧起落架液压缸附件被扯掉。该机在维修时更换了预定用于生产型的木制机尾，安装后飞机进行了震荡测试。测试只进行了 7 分钟，平尾的胶合板外壳就解体了。这套组件是由外包木工厂生产的，此后提升胶合板质量、保证木材寿命的需求更为迫切。

所有原型机加到一起，在生产开始前只飞行了 30 小时 52 分钟。到了 1945 年 1 月 30 日，各原型机的飞行时间有所增加，具体为：V33/U1 号机，36 分钟；V30/U1 号机，10 小时 3 分钟；V29/U1 号机，36 小时 1 分钟；V18/U2 号机，5 小时 2 分钟。总飞行时间为 49 小时 42 分钟。

由于 V33 和 V30 号很早坠毁，各种重要测试无法按期进行，或者必须缩小规模。而 V32 号完成得太晚，没能按时加入测试。也没有信息说明关于 Ta 152H 在安装了机翼油箱、MW50 系统、GM1 系统之后的飞行性能。可以确定的是，在 Ta 152H 生产阶段进行中，稳定性问题明显起来，以至于最后只能暂时禁用 GM1 系统。

总的来说，可以认为原型机太少，而对于如此重要的一种飞机来说，测试时间也太晚。主要原因之一就是阿德海德原型机工厂的人员大幅减少，造成了这种惨淡的结果。

因为 Ta 152 从 H-0 型标准开始生产，标准配置是不安装 MW50 系统，此时 Jumo 213E 发动机最大功率只有 1730 马力。武器包括 MK 108 轴炮，备弹量 90 发，两门 MG 151 翼根炮，备弹量各 175 发。机翼是整体的，不能从中央拆开。飞机没有机翼油箱，这限制了它的航程，但部分飞机后机身预定给 GM1 容器的位置安装了 115 升辅助油箱，加上两个机身主油箱，满内油为 710 升。因为第 301 联队的飞行员都没有反映飞机的稳定性问题，在实际使用中，这个辅助油箱(无论是安装的是 GM1 液箱还是油箱)可能都不加注，也有可能直接拆掉了，抑或按照此前的方案增加了机头配重，具体情况现在难以考察。

H-1 型将拥有可从中央拆开的机翼，加上 6 个无防护翼内油箱，其中左翼内侧容器是 70 升的 MW50 液箱，其余 5 个油箱容量 400 升，这样虽然 H-0 型安装了额外辅助油箱，H-1 型的总油量仍要多出 285 升，达到 995 升，这个数字在德国单发战斗机中是出类拔萃的。

从第 1 架生产型 H-1 开始，飞机会安装全天候套件，其中包括 FuG 125 导航系统、LGW K23 自动驾驶仪、座舱加热系统。此外还要安装 GM1 容器，但这又会导致飞机稳定性下降，结果为了缓解这个情况，采取了临时措施——禁用 GM1 系统。在安装高压 MW50 系统的 H-1/R21 型上也没有 GM1 系统，要到 H-1/R31 上才回归，R31 套件在发动机位置安装了配重，机身后油箱限制加注 280 升，这样才能恢复使用 GM1 系统。其他改善稳定性的措施(例如对机身和机翼连接处修型、增大尾翼面积)都没有实际投产。

无线电系统包括标准的 FuG 16ZY 无线电、FuG 25a 敌我识别器，H-2 型与 H-1 型的区别也只有使用 FuG 15 无线电，同样由于该无线电失败而取消型号。不过奇妙的是，据说在 1945 年 4 月 2 日交付了 1 架 H-2 型，这个说法也无法证实。

Ta 152 在生产途中迎来了发动机升级，新的 Jumo 213E-1 型加强了传动系统，现在允许在增压器三速下使用应急功率。此前第一批交付的 Jumo 213E 在这种情况下已经出现了传动系统损坏，而且增压器喘振毛病尚未完全解决，所以 E-1 型发动机将安装一个导流阀，解决后面这个问题。E-1 型发动机还将搭配高压 MW50 喷射系统，增强 MW50 喷液的效果，预定从 4 月 29 日开始使用。在这些改进之后，Jumo 213E-1 的功率有所增加，起飞功率为 2100 马力，在 8200 米高度可输出 1600 马力。但现在无法确证是否有 E-1 型发动机交付，也不知道生产出来的飞机有没有改装。

计划到了 1945 年 7 月 1 日，Ta 152 可以获得再度升级的 Jumo 213EB 发动机，功率比 Jumo 213E 多 200 马力。更远期的计划是在 11 月更换 Jumo 213I 发动机，预定最大功率达到 2700 马力，在 10000 米高度输出 1900 马力，这个动力相当于 1000 公斤推力的喷气发动机。

Ta 152H 的子型号参数如下。

Ta 152H 的子型号参数								
子型号	发动机	机翼油箱容量(升)	GM1 容量(升)	MW50 容量(升)	前机身油箱容量(升)	后机身油箱容量(升)	总油量(升)	备注
H-0	Jumo 213E	—	—	—	233	362	595	预生产型
H-0/R11	Jumo 213E	—	—	—	233	362	595	预生产型的全天候战斗机

续表

Ta 152H 的子型号参数							
子型号	发动机	机翼油箱容量(升)	GM1 容量(升)	MW50 容量(升)	前机身油箱容量(升)	后机身油箱容量(升)	总油量(升)	备注
H-1	Jumo 213 E/e-1	400	85	70	233	362	995	到 1945 年 3 月 9 日为止，带低压 MW50 喷射系统
H-1/R11	Jumo 213 E/e-1	400	85	70	233	362	995	到 1945 年 3 月 9 日为止，带低压 MW50 喷射系统
H-1/R11	Jumo 213 E/e-1	400	关闭	70	233	362	995	从 1945 年 3 月 9 日起
H-1/R21	Jumo 213 E/eb	400	关闭	70	233	362	995	高压 MW50 喷射系统
H-1/R31	Jumo 213 E/eb	400	85	70	233	362	995	高压 MW50 喷射系统，发动机位置安装配重
H-2	Jumo 213E	400	85	70	233	362	995	安装 FuG 15 无线电代替 FuG 16ZY，1944 年 12 月 15 日取消
H-2/R11	Jumo 213E	400	85	70	233	362	995	安装 FuG 15 无线电代替 FuG 16ZY，1944 年 12 月 15 日取消
H-10	Jumo 213E	—	—	—	233	362	595	基于 H-0 的高空侦察型
H-11	Jumo 213 E/e-1	400	85	70	233	362	995	基于 H-1 的高空侦察型
H-12	Jumo 213 E/e-1	400	85	70	233	362	995	基于 H-2 的高空侦察型

续表

子型号	发动机	机翼油箱容量(升)	GM1容量(升)	MW50容量(升)	前机身油箱容量(升)	后机身油箱容量(升)	总油量(升)	备注
其他备注	下列动力系统改动应当在生产中生效							
	大致到1945年1月3日为止，Ta 152H安装的Jumo 213E发动机搭配了低压MW50喷射系统。这批发动机在增压器三速时不能使用应急功率。另外需要安装导流管，以消除增压器喘振							
	大致从1945年1月3日起，Jumo 213E-1发动机应该交付，可以在三速使用应急功率，增压器喘振也通过导流阀解决							
	大致在1945年4月25日至6月1日，发动机更换为Jumo 213E-1，带高压MW50喷射系统。接下来的进一步改进是换装Jumo 213EB发动机，带有中冷器							
	R11套件是全天候飞行组件，应该在最初的Ta 152H-0和H-1开始安装。包括FuG 125导航系统、LGW K23自动驾驶仪、座舱加热系统							
	福克-沃尔夫的Ta 152H-1/R11系列动力系统和稳定性改动通知的日期是1945年3月9日							
	H-0批次飞机里有18架安装了额外的115升后机身油箱							

第五节　Ta 152侦察机方案

除了标准战斗型以外，德国空军最高统帅部要求Ta 152要有标准侦察型和高空侦察型。标准侦察型编号将为Ta 152E-1，用于取代此前作为战斗侦察机使用的Bf 109改型。E-1型基于Ta 152B或者C型，这两种都搭配中等高度所用的短机翼。

最初的Ta 152E-1设计方案包括以下要点：

1. Jumo 213E动力系统；

2. MK 108轴炮和2门MG 151翼根炮；

3. 可以使用各种相机，包括RB75/30、RB50/30、RB30/18或RB50/18、2个RB20/12×12交错相机、2个RB40/12×12交错相机、2个RB12.5/7×9、2个RB32/7×9交错相机，增加相机支架，预定在部队安装；

4. 左翼前缘安装Robot II相机；

5. FuG 15无线电和FuG 25a敌我识别器；

6. 67G型潜望镜；

7. 机翼内油箱；

8. 后机身位置可选MW50液箱或辅助油箱；

9. ETC503标准挂架，可在机身下携带副油箱（但不准备挂载炸弹）。

侦察型的核心是照相机。在这方面，德国照相机的编号比较直白，前一个数字表示相机焦距，后一个数字表示曝光尺寸，例如 30 为 30 厘米×30 厘米。大型相机用于高空拍摄，较小的则两个一组倾斜安装，用于中低空拍摄。Robot II 向前方拍摄，可以利用飞机的瞄具瞄准，使用方法和照相枪基本相同。

高空侦察型的编号最开始是 Ta 152E-2，但后来编号改为 Ta 152H-10。这个型号本身是基于 H-1 型战斗机。装备与 E-1 相同，加上增压座舱、高空用大展弦比机翼，还有在未来可安装的 MW50 和 GM 1 系统。有资料称 E-2 准备安装外挂 MW50 液箱，可依据任务情况选择 MW50 或者 300 升副油箱。再往后的型号则基于 Ta 152H-1、H-2 型，对应编号是 H-11、H-12 型。当然，无论哪个型号都远没到实际投产的阶段。

另一个比较有趣的型号是 Ta 152E-1/R1。该型号带一台倾斜的 RB50/18 相机，相机角度与水平线只有 10 度夹角，略微朝下用于低空横向拍摄。为了安装这台几乎水平的相机，飞机机身侧面增加了一个大鼓包，这个鼓包在 1 架标准生产型 Fw 190D-9 上进行了测试。

按照 1944 年 3 月 28 日提出的指导文件，Ta 152E-1 型应当基于标准的 B 型战斗机。经过比较小的修改过后，所要求的标准装备就能装进飞机，受影响的区域主要是后机身。

侦察型的修改方案和装备

飞机需要在 7 种不同的相机配置里选择安装一种，同时还要带着 MW50 液箱/辅助油箱。机身需要的修改如下：

1. 将 9、10 号隔壁向后移动，照相机支架将安装在上面；

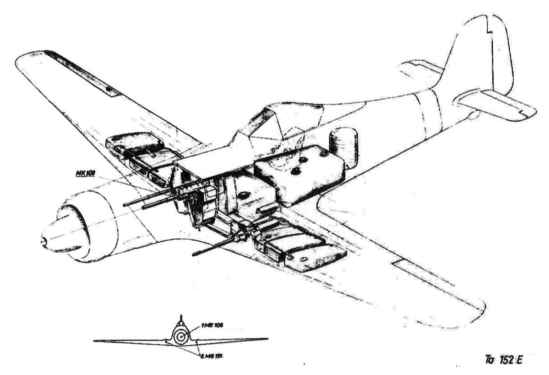

H-1 型和 E 型的武器与燃料系统示意图，侦察型会保留同样的武器配置，中央 MK 108 航炮，翼根 MG 151 航炮。燃料也一样，总共 994 升，再加上后机身 85 升 GM1。

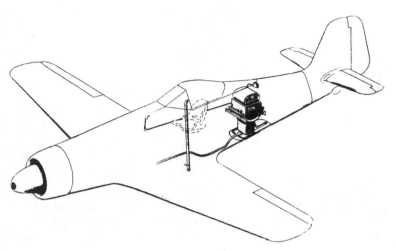

E-1 型侦察机示意图，可见潜望镜与 RB75/30 相机。由于相机位置问题，侦察机的稳定性会比战斗型更差，也需要改进。

2. 移动和扩大机身左侧的检修口，设备与胶卷的安装拆卸通过此处进行。通过这个检修口安装 MW50 液箱也是可能的，这样就可以取消机身下方的检修口。蒙皮上还要切一个口子，用作照相机镜头的窗口；

3. 安装相机需要改装以下装备：FuG 25a 敌我识别器向后移动一个隔舱，导航用环形天线移动到 8、9 号隔壁之间；

4. 相机造成机尾重量增加，为了平衡重心需要移动一些机身内的物品。在左翼翼根安装 1 个 2 升容量的压缩空气瓶，用于紧急放下起落架和襟翼，还有 MK 108 轴炮作动使用的 5 升压缩空气瓶。右翼翼根安装 3 个氧气瓶，1 个 2 升容量的压缩空气瓶，同样用于紧急放下起落架和襟翼。

座舱内的潜望镜用来让飞行员在不改变飞机姿态的状态下直接观察下方地形，以便确认拍照区域。潜望镜穿过两个机身油箱，从操纵杆左侧穿进座舱，为此后油箱需要稍微修改。在 Ta 152E-2 型上有增压座舱，预定给潜望镜安装一个密封导管。

Robot II 相机取代左翼前缘的 BSK 16 照相枪，计划用一个插入组件容纳，电线和控制钮保持不变。

武器包括 MK 108 轴炮，备弹 85 发。两门 MG 151 翼根炮，备弹 175 发。这个配置和 Ta 152H 型相同，不过在必要时可以用 2 门 MG 151 机头炮换下 MK 108 轴炮。

侦察型预定在 1945 年 4 月开始生产，安装

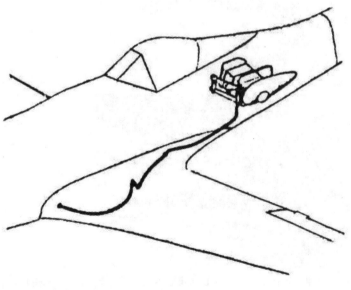

倾斜相机安装位置示意图。

FuG 16ZY 无线电。如果有可能，仍会换装 FuG 15Y 型。

与 Fw 190/Ta 152 系列相同，后机身油箱位置可选装辅助油箱或 MW50 液箱，安装 GM1 容器也是可能的，但作为中空侦察机的 E-1 型不需要这种设备。机腹下可安装 ETC503 挂架，携带 300 升副油箱以增加航程。

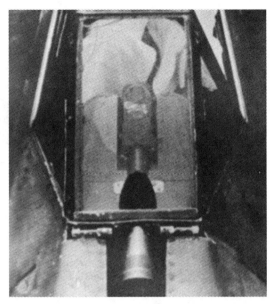

穿过瞄具位置的潜望镜，取代了前一种设计，从哪里往下转向不确定。穿过座舱下方的设计究竟如何制造出来没有也无法查证。

210002 号 Fw 190 安装测试用倾斜相机后的照片，可见鼓包左上方原来的 115 升辅助油箱加注口。

早期潜望镜测试用型号，安装在座舱右侧，通过管道连到机身外，从右侧机翼后缘向下观察。

侦察型的原型机与生产情况

福克-沃尔夫公司最开始只给侦察型规划了 1 架原型机，后来改成 3 架，即 Ta 152 V9、V14、V26。前两架是 E-1 型的原型机，后一架是 E-2/H-10 的原型机。其中 V9 和 V14 号预定在 1945 年 1 月 18 日和 25 日首飞，但 1 月 5 日与帝国航空部讨论之后，决定放弃这两架原型机。

在这之后，公司又决定将在 1 月内直接将标准装备安装到生产型的 E-1 上。预定计划是让中央德意志金属厂从 2 月展开生产，还有取消潜望镜的计划。在生产开始之前已经预计到会出现重心问题，毕竟照相机有大约 70 公斤，还安装在后机身内。

很快，第一批飞机制造工作宣告开始，然而到了 3 月 1 日才进行第 1 架 E-1 的型号检查。现在无法确定这架飞机是否离开了工厂，接下来的战况导致了生产计划改变，中央德意志金属厂将参与 C 型生产，这批飞机编号就变成了 C-11 型，如前文所述。

因为航空部要求安装倾斜相机，为了容纳相机镜头，飞机后机身左侧要安装大型鼓包。这种程度的改动就必须要进行气动测试了，不能再略过原型机阶段。于是福克-沃尔夫公司调来 1 架 Fw 190D 生产型（工厂编号为 210002），在该机后机身加装了鼓包。因为相机角度近乎水平，在使用它时，通常需要飞行员滚转一定角度，将相机对准目标位置再拍照。这种操作比较类似于盟军的几种战斗侦察机，它们的倾斜相机也都是这样使用，飞行员可以利用翼尖作为瞄准标志。

E-2/H-10 型计划每个月生产 20 架，这个型号有 1 架原型机，即 Ta 152 V26 号。中央德意志金属厂选了 1 架 H-0 或者 H-1 型进行改装，但这架飞机的详细情况不明。该厂最初准备从 5 月开始生产 H-10 型，H-0 型停产后转向 H-11 型，但到了德国投降时，E-0 和 H-11 型的生产才刚开始，没有任何飞机完工。

1944 年 7 月 12 日，第 282 号技术规范，Ta 152E		
型号	Ta 152E-1	Ta 152E-2（Ta 152H-10）
用途	中等高度使用的单座侦察机，无增压座舱	高空单座侦察机，有增压座舱
构造	单发、悬臂式下单翼、液压收放起落架	
结构强度	设计起飞重量 4500 公斤下，最大载荷系数 6.5G	设计起飞重量 4400 公斤下，最大载荷系数 5G/-2.5G
发动机型号	Jumo 213E	
翼面积	19.6 平方米	23.5 平方米
翼展	11 米	14.82 米
展弦比	6.17	9.4
垂尾面积	1.77 平方米	1.77 平方米
平尾面积	2.82 平方米	2.89 平方米
长度	10.81 米	10.784 米
高度	3.36 米	3.36 米
正常起飞重量	4675 公斤，Jumo 213E 带 MW50 系统	4675 公斤，Jumo 213E 带 MW50 和 GM1 系统
武器	翼根 2 门 MG 151 航炮，每门备弹 175 发	
	1 门 MK 108 轴炮，备弹 85 发	
可用的相机和光学设备	机身内相机：RB75/30、RB50/30、RB30/18 或 RB50/18；2 个 RB20/12×12 交错相机、2 个 RB40/12×12 交错相机、2 个 RB32/7×9 交错相机、2 个 RB12.5/7×9 交错相机	
	左翼前缘：Robot II	
	座舱：潜望镜	

第六节　其他计划和生产情况

福克-沃尔夫尝试过以制造大量原型机来缩短测试期，尽早开始大规模生产。在 1944 年夏季，公司制订了一个原型机计划，预定制作 26 架测试机。这些都是全新的飞机，在扎雷的工厂制造。然而很快，福克-沃尔夫取消了第一批原型机，即 A 型和 H 型所用的 V1 到 V5 号。然后从 Fw 190 系列原型机中选出几架改装成新原型机，这些飞机自然在以前的原型机工厂阿德海德改装。

第一架原型机坠毁后，雷希林测试中心的指挥官埃德加·彼得森（Edgar Petersen）上校在 7 月 18 日就提及了眼下测试的困难。关于 Ta 152，他怀疑匆忙赶工会导致飞机质量低劣，他还表示："因为计划在只有 4 架非本系列原型机的情况下开始生产，而且测试不足，必须预料到会

有延迟，理由是飞行安全和飞行特性问题。此外还有不少地方一开始就要修改。无论如何，第一批 12 架生产型飞机需要进行测试（参考 Jumo 213E 发动机运转不顺的毛病）。"

彼得森另外提到，在 Ta 152C 大规模生产开始时，也要有 30 架飞机留下来做测试。因为根本没有 DB 603L 发动机的测试数据，不能确定在 1945 年 1 月开始生产用这种发动机的 Ta 152C。因为战况发展，接下来的 C 型原型机制造计划也无法按期进行，是否有超过 3 架原型机（V6 到 V8 号）再加 2 架改装飞机（V27、28 号）制造完毕并进行了试飞，是值得怀疑的。当然，战况迫使原型机制造转往阿德海德，只有 V27、28 号是例外。可以推断新一批原型机（从 V16 到 V21 号）还在制造阶段。无法确定这些飞机是否飞行过，按照首席试飞员桑德的说法，它们都还没完工。

科特布斯的生产线从 Ta 152H-0 型开始生

第三架量产型 Ta 152H-0，150003 号。照片摄于 1944 年 12 月，科特布斯工厂机库前。

150003 号的侧后视图，可见该机挂载了一个 300 升副油箱。

刚完工的 150005 号机，正在进行罗盘校准，下方为校准用的转盘。1944 年 12 月首飞完成后，被送到容克斯的德绍机场（Dessau）用作发动机测试台。

产，H-0 型最初计划生产 115 架，实际上只生产了 40 架，或者稍微再多一点。第 1 架预生产型在 11 月中旬完成，接着是第 2、3 架，到 12 月底已经交付了 18 架 H-0 型飞机。这些飞机之中，前 3 架 H-0 型飞机由桑德亲自测试。但其中的 150025 号已经由于故障在科特布斯机场迫

降，修复后和其他飞机一起在 1 月 27 日交给了第 301 联队三大队。

此前，在首飞后的 11 月 21 日至 25 日之间，V18 号原型机曾经被用来进行训练飞行，主要是让工厂试飞员学习驾驶新飞机。V18 号停飞之后，在 25 日，桑德将 V29 号飞到朗根哈根，此后从 11

月28日至12月3日，V29变成了训练用机。

可以确定的是，1月结束时，科特布斯又交付了20架H-0飞机，2月交付3架H-0，然后转产H-1型。据称H-1型生产了25架左右，无确切信息可供证实究竟完成了多少，第一架完工的是150158号，在1月末完工。组装了一些H-1型之后，生产线彻底关闭，因为已经没有足够的部件组装飞机，也没有搬迁工厂的手段。

正好在生产大致结束的时候，2月20日，巴特艾尔森总部的生产办公室发布了一份文档，列出了设计、发展、生产Fw 190和Ta 152系列所需的人员。其中Ta 152A/B/E被归类到了一起，C和H独立分类，Fw 190D-9/11/12为一类，Fw 190A/F/G为一类，计划到了1945年末。不过现实的情况是Ta 152的生产不可能再度恢复。

计划中的 Ta 152 生产厂和工厂编号分配			
工厂和所在地区	型号	工厂编号	1944 年 12 月 15 日的计划产量
福克-沃尔夫，扎雷	V1 至 V25 原型机	110001~110025	不详
福克-沃尔夫，科特布斯	H-0/R11	150001~150040	1944 年 12 月起生产 30 架
	H-1/R11	150158~150174	1945 年 1 月起生产 4340 架
福克-沃尔夫，不来梅	H-1/R11	200000	不详
AGO 飞机工厂，奥舍斯莱本	C-0/C-1	380000	不详
通用运输设备公司，莱比锡	C-1/R11	830000	1945 年 3 月起生产 965 架
	C-3/R11	920000	1945 年 7 月起生产 1035 架
埃拉机械飞机厂，莱比锡	B-5/R11	510000	1945 年 5 月起生产 1585 架
	H-1/R11	640000	1945 年 3 月起生产 2250 架
	H-2	取消	不详
格哈德-菲泽勒工厂，卡塞尔	C-1/R11	480000	1945 年 5 月起生产 1620 架
	C-2	取消	不详
哥达货车工厂，哥达	B-5/R11	580000	不详
	C-1/R11	720000	不详
	C-3/R11	不详	1945 年 7 月起生产 915 架
	C-2	取消	不详
	C-4	取消	不详
	H-1/R11	不详	1945 年 3 月起生产 105 架
	H-2	取消	不详

续表

工厂和所在地区	型号	工厂编号范围	1944 年 12 月 15 日的计划产量
中央德意志金属厂，埃尔福特	C-1/R11	600000	1945 年 2 月起生产 770 架
	C-2	取消	不详
	C-11/R11	不详	不详
	E-0/E-1	870000	1945 年 3 月起生产 870 架
	H-10	取消	1945 年 5 月起生产 220 架
	H-11	不详	不详
北德意志-道尼尔，维斯马	C-1	710000	不详
	C-2	取消	不详
	C-4	取消	不详
罗兰德工厂组·哥达附属，诺登哈姆	C-11/R11	790000	1945 年 5 月起生产 1990 架
	C-2	取消	不详
	C-4	取消	不详
西贝尔飞机制造厂，哈雷	C-11/R11	360000	1945 年 3 月起生产 80 架
	C-3/R11	440000	1945 年 6 月起生产 1920 架

计划中的 Ta 152 生产厂和工厂编号分配

1944 年末，雷希林测试中心接收了一部分飞机之后，其余的 H-0 型在次年 1 月初准备交付给第 301 联队，它们被临时安置在科特布斯东南约 10 公里的诺伊豪森（Neuhausen）。在这个小城，有一个草皮机场可供完工的 Ta 152 进行检查和准备，生产出来的飞机经常在科特布斯和诺伊豪森两地之间进行飞行测试，这批即将投入部队的 H-0 型也不例外。

接下来的 1945 年 1 月 16 日是个改变命运的大日子，第八航空军出动了超过 550 架重型轰炸机，在 13 个战斗机大队的护航下，浩浩荡荡杀进了德国中部。各个战斗机大队在完成护航之后，开始自由扫荡，其中著名的"老鹰大队"——第 4 战斗机大队的"野马"机群恰好飞到了诺伊豪森空域。该部第 336 战斗机中队指挥官弗雷德·格洛弗（Fred Glover）少校的报告：

1945 年 1 月 16 日，我带领大队和贝基（Becky）中队。我们给第 3 轰炸机师的前方 B-17 盒子编队护航，任务是前往鲁兰（Ruhland）。贝基中队自由扫荡，另外 2 个中队近距离护航。我领先于轰炸机大概 50 英里，到汉诺威（Hannover）、不伦瑞克（Braunschweig）、勃兰登堡。到了此时仍没有与任何敌机交战，我飞往柏林南面的湖区。从这里向东南飞往科特布斯。此时我的绿色小队由范·E. 钱德勒（Van E. Chandler）中尉带领，他看见地面高度有一架敌机。我派他们下去攻击这架飞机。他们跟丢了，但在爬升回来时看见另一架飞机在诺伊豪森降落。我告诉他们攻击，他们攻击了 2 次，没有高炮还击，有 5 架飞机在地面燃烧，此时我带着中队其他飞机下去。我通知其他两个中队，和大伙待在一起，我们扫射之后没法重新会合，我们进行了七八次攻击，除了我以外。攻击3次敌机之后，我又通场4次，用我的K-25相机拍照。在重组编队时，我数出至少25处起火，由于飞机起火的浓烟遮挡视线，没法再数。这个机场看起来是一个集结点。在周围的树林里有很多银色的190，看起来是长鼻子型。机场上的大部分飞机是Ju 87，可能用来训练。不过我没有看见兵营、塔台或者总部建筑。我们在机场北面的森林上空集结，然后航向汉诺威。我们在这个机场上空总共呆了大概20分钟，然后

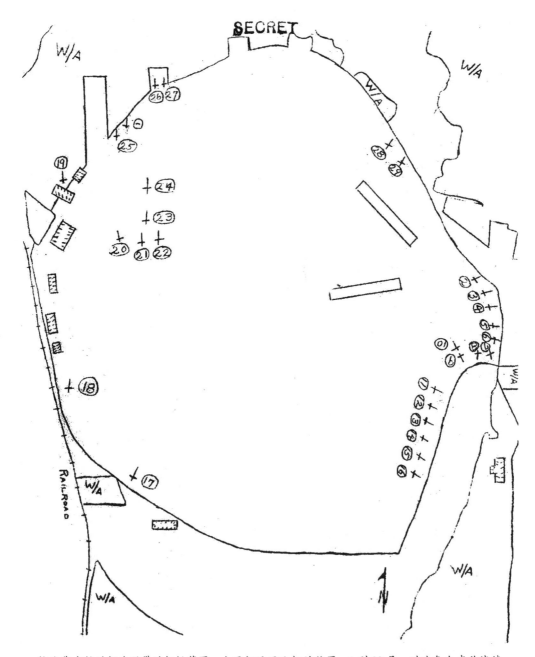

格洛弗少校的报告附带的机场草图，上面标注了飞机的位置，1到29号，对应各个声称战绩。

由于燃料短缺、弹药耗尽而必须返航。返航时因为天气原因全部在曼斯顿着陆。降落后发现4架飞机上有轻型防空武器造成的损伤。但我们认为这是机场旁铁路上停放的运兵火车上部队的火力。因为任务前收到的命令，我们没有扫射火车。

下面是飞行员和他们的声称列表，飞行员名字前的数字编号对应附图中的机场飞机位置。

1. W. D. 里德尔(W. D. Riedel)中尉，Fw 190

2. 范·E. 钱德勒中尉，Ju 87

3. G. L. 凯斯勒(G. L. Kesler)中尉，Fw 190

4. F. W. 格洛弗少校，Ju 87

5. 范·E. 钱德勒中尉，Ju 87

6. F. W. 格洛弗少校，Ju 87

7. R. J. 科贝特(R. J. Corbett)中尉，Ju 87

8. R. J. 科贝特中尉，Ju 87

9. J. H. 乔伊纳(J. H. Joiner)上尉，Ju 87

10. J. H. 乔伊纳上尉，Ju 87

11. 范·E. 钱德勒中尉，Fw 190

12. H. A. 考尔(H. A. Kaul)少尉，Fw 190

13. 范·E. 钱德勒中尉，Fw 190

14. G. L. 凯斯勒中尉，Ju 87

15. D. N. 格罗洪（D. N. Groshong）中尉，Fw 190

16. C. R. 阿尔弗雷德（C. R. Alfred）上尉，Fw 190

17. A. O. 华莱士（A. O. Wallace）中尉，Fw 190

18. K. E. 卡尔森（K. E. Karlson）上尉，He 177

19. R. J. 科贝特中尉，Fw 190

20. L. J. 卡彭特（L. J. Carpenter）上尉，Fw 190

21. K. E. 卡尔森（K. E. Carlson）上尉，Fw 190

22. T. A. 麦考德（T. A. McCord）中尉，Fw 190

23. C. R. 阿尔弗雷德上尉，Fw 190

24. F. W. 格洛弗少校，Fw 190

25. H. N. 赫根（H. N. Hagan）中尉，Fw 190

26. J. H. 乔伊纳上尉，Fw 190

27. J. H. 乔伊纳上尉，Fw 190

28. T. A. 麦考德中尉，Ju 87

29. H. N. 赫根中尉，Ju 87

部分击毁列表中的飞机战果虽然冠给了某个飞行员，但实际有几个人打中了它。经过检查作战影像（即照相枪摄影）、K-25 相机拍下的照片、逐个飞行员面谈，最终得出以上宣称战果结论。飞机燃烧产生的大量烟雾使得精确计量不可能进行，但附图是大致正确的。

科贝特中尉和卡彭特上尉的摄像枪卡住了。赫根中尉在英国上空跳伞，他无伤返回基地。

弗雷德里克·D. 哈尔(Frederick D. Hall)少尉在英国坠机身亡。卡彭特上尉、科贝特中尉、赫根中尉的宣称战果由中队其他人证实。哈尔少尉无战果报告，但他毫无疑问地参与了这场毁灭性的战斗。

没有提交击伤敌机的宣称。估计机场上有大约 50 架飞机，至少击毁 29 架，击伤 10 架。相当多 Fw 190 是长鼻子型，尤其是集结在机场北面树林里的那些银色的型号。

随后，第4战斗机大队的记录将战果修正为击毁28架、击伤6架德军战机。美国人都未认出 Ta 152 这个新型号，虽然格洛弗少校发现了"长鼻子"的液冷发动机，但没有同时注意到该型号颇不寻常的长机翼。此外声称中的部分型号很奇怪，例如这个机场上不太可能存在 He 177，同驻地的第151对地攻击机联队也只有 Fw 190 和 Ju 87。

诺伊豪森机场方面，这次突如其来的袭击结束后，德军人员将损失状况统计完毕，整理出一份报告发送至德国空军最高统帅部：

攻击时间：午后12时03分至12时35分。

敌机型号和数量：一些"野马"和"闪电"，在鲁兰-诺伊豪森区域。

高度和攻击方式：飞机在约500米高度向东飞过机场，没有攻击。而后从东北和西南方进入，进行低空攻击。接着从南到北，从西到东继续攻击，有时候飞行高度低至3米。攻击进行了4波，每波约10架飞机，攻击目标是机场内掩蔽的飞机和树林里停放的飞机。

天气：晴朗。

机场有德国空军的单位进行临时防御，使用了1门20毫米炮，10挺MG 81机枪。

攻击结果：福克-沃尔夫公司飞机被毁，14架Ta 152，1架Fw 190。1架Ta 152损伤约30%。

设施被毁：一个带蓄电池站的小型木制机库，变压器和工作台（火灾烧毁）。

报告中被毁的飞机停放在机场周围的树林里，或者靠近树林的位置。用杉木树枝和伪装网进行了伪装。诺伊豪森机场疏散区的飞机掩体只能供Fw 190使用，Ta 152的翼展太大无法使用。

有两个特殊检查需要进行，所以才会有大批生产型飞机停留在诺伊豪森。第一个是测试发动机链接螺栓，这是Fw 190的替换件，编号为190.641-0106。第二个是检查副翼作动杆焊缝上是否有裂缝。这两个检查和替换有缺陷的部件需要一定时间，为了保证飞行安全又不能在完成之前将飞机飞走。最后一项是油箱检查，因为收到了雷希林测试中心负责此事的军官施米茨上尉发来的电报。

需要注意的是，因为有一个德国空军单位（第151对地攻击机联队）在使用机场，Ta 152没法进一步疏散。

如前所述，敌机在第一次通过时没有攻击，然后才从多个方向进行低空攻击。没有人干扰，他们攻击了机场各处目标，专门扫射了停放的飞机。

根据一份目击报告，敌军战斗机的注意力是被2架在诺伊豪森降落的训练机吸引过来的。在攻击之前的警报期间，这两架飞机正要降落到诺伊豪森机场。

值得注意的是，德方报告中提及了"闪电"战斗机，但实际上美国陆航的第4大队只有P-51，没有P-38。该型号的外形特点很鲜明，通常不会被误认，不过德国人在只看到低空飞行"野马"的侧面的情况下，还是有可能误认成"闪电"。

抛去双方报告中的误差不论，一个灾难性的事实是：14架崭新的Ta 152被毁，1架受损，其根本原因竟然是Ta 152机翼太长无法安置在Fw 190的掩体之中。一款最高科技的超高空战斗机落到在地面被无情击毁的下场，颇具讽刺意味。作为这次战斗的结果，III./JG 301无法接收足够的Ta 152达到预定的35架编制。

1945年2月下半，第10战斗机大队下属1个中队的Fw 190D-9装备了R4M航空火箭弹。每侧机翼下方携带一个火箭挂架，挂载12枚火箭，全机共24枚。第10大队是个实验性质的大队，现在负责测试这种火箭弹。R4M这个编号的意思是火箭-4公斤-高爆弹头，实际弹重为3.85公斤，战斗部重量为540克，长度812毫米，弹径55毫米。

相比以往陆用火箭炮改装的21厘米火箭，R4M的初速很高，弹道接近MK 108航炮，可直接使用现有的 Revi 16b 瞄准器。使用时，通常以 70 毫秒为间隔进行 6 发一轮的齐射，由于战斗部威力颇大，一发命中就可能击落重型轰炸机。

测试的结果是空军命令 R4M 立刻装备 Me 262 战斗机，Ta 152 和 Fw 190 也要装备。使用 R4M 的型号预定为 Ta 152C-1/R31 和 Ta 152H-1/R31，改装指示还预定要给 H-1/R21、H-1/R11、C-1/R11 几个型号安装。1945 年 4 月 2 日，第 10 战斗机大队接到解散命令，下属第 2 中队装备了 R4M 的 Fw 190D-9 要转交给第 301 战斗机联队一大队，但是该命令是否得到执行尚不清楚。

另一款预定给 Ta 152 挂载的特殊武器是 SG 500，SG 是 "特殊设备" 的缩写。这是一种类似于无后座力炮的武器，会在 Ta 152 每一侧机翼拆除一个油箱，然后安装 5 个垂直向上的炮管。炮管长度为 515 毫米，凸出于机翼表面，

发射 50 毫米口径的弹丸。这样战斗机飞行员将他的飞机飞到轰炸机正下方，就可以用大威力弹丸轻松击毁轰炸机。问题是飞行员自己不太可能抓准正确的发射时机，所以设计了一个以硒电池为基础的光电感应开火装置，只要轰炸机阴影遮蔽了战斗机，就自动发射。据称在 1945 年 4 月 10 日，Me 163 火箭截击机部队使用测试武器成功地击落了 1 架 "兰开斯特" 轰炸机，当然它已经没有时间投入生产了。

类似的还有 "管堆 108"，预定利用同样的光电感应原理向上垂直发射，也是无后坐力形式。区别主要在于武器本身由 7 根可发射 MK 108 航炮炮弹的管子组成，每根管子里有 1 枚 MK 108 的炮弹，每侧机翼内安装两组炮管。

Ta 152 系列计划了一种双座教练机，编号为 Ta 152 S，有 S-1 和 S-2 两种型号，对应基础的 Ta 152C-1 和 C-2 型，都安装 DB 603 发动机。飞机后机身上会安装第二个座位与操作系统，

双座 Fw 190 教练机，当时的单座活塞战斗机基础设计都不考虑第二个人的位置，所以在改装过后都异常丑陋。

预定从 1945 年 4 月开始，由布洛姆-福斯公司进行改装，8 月份汉莎航空也会加入。在这段时期里，四处游猎扫荡的盟军战斗机击落德国教练机已经是日常事件，但 Ta 152 S 仍不准备安装武器。

预计 S 型改装会和 Fw 190 S 双座教练机采用相同模式，最初的计划是在 1944 年 11 月交付第 1 架，但 C 系列的生产计划延迟毁掉了教练机型号。雷希林测试中心要求总产量的 3% 是双座教练机，即到了 1946 年 3 月应该有 565 架，当然实际产出是 0 架。

线导的 X-4 空空导弹也计划装备 Ta 152，每侧机翼可下挂 1 枚。X-4 需要飞行员用一个小摇杆保持操纵，发射后飞机无法有效操控和机动，只适合在没有敌军战斗机存在的情况下攻击轰炸机编队。

性能提升计划

福克-沃尔夫的研发部门忙于寻找各种提高飞机性能的方案。在 Fw 190D 系列测试时，他们就发现仅仅把发动机整流罩的各种接缝填平便可提高速度，最多可以达到每小时 17 公里。所以在 Ta 152 制造时就更加注意填平接缝，不过这种手段缺乏实用性，飞机在作战使用后总要打开检修窗口维护，迟早会导致阻力增加，飞行速度下降。

另一种手段当然增加发动机功率，此前 Fw 190D-9 的部队收到了 Jumo 213 发动机改装件，增加进气压后最大功率达到了 1900 马力（无 MW50 喷射）。第 301 战斗机联队的 Ta 152H-0 型在 3 月也收到了类似的改装件，增加了少许功率，据称有 10 架飞机进行了改装，详细情况无法考证。

还有一种比较新鲜的东西是所谓的"整体发动机整流罩"，预计给 Ta 152 系列和 Fw 190D-12 安装。预计 Ta 152 V6 和 V7 号原型机会改装新整流罩，分别在 2 月 28 日和 3 月 10 日首飞。而后再增加其他的测试台，包括 V16、V17、V27、V28 号原型机。Ta 152H 系列也有计划安装，预定制作或改装 20 架原型机来测试整流罩。计划最先改装的飞机有 Fw 190 V32/U2 号，Ta 152 V19、V20、V21 号原型机，再加 150004 号生产型飞机。容克斯公司的计划是最早在 1945 年 8 月开始生产带整体整流罩的 Jumo 213 发动机，不过能否在 3 月之前这样改装 Jumo 213E-1 发动机尚无定论。

有两种整体整流罩设计，第一种在发动机和整流罩之间安装了减震器，由于造价较高，不适于大规模生产而没有被采用。只有 1 架飞机，即 150004 号，改装了这种整流罩。简化过后的第二种整流罩则计划给所有生产型飞机安装。

目前尚无具体测试报告，已知 Ta 152 V6 和 V7 号原型机进行了改装，并在测试中取得了令人满意的结果，但战况发展最终也使得新整流罩没有投产。

1945 年 3 月 12 日，福克-沃尔夫发布了最后一份原型机总结，包括在朗根哈根的飞机和测试项目。此时共有：4 架 Ta 152、2 架 Ta 152C、2 架 Fw 190D-9、2 架 Fw 190D-11、4 架其他型号的 Fw 190。

Ta 152 的型号如下：

Ta 152H V29 号，增压座舱测试，安装了新的 AR300 型加压调节器。

Fw 190 V18 号，整体发动机整流罩，木制机尾。

150004 号生产型，额外的 300 毫米和 500 毫米机身延长段，增大面积的平尾，修改过的翼身结合部，在进行操纵特性测试。

Fw 190 V32 号，机翼油箱和 MW50 液箱，整体发动机流罩，Jumo 213E-1 发动机测试。

Ta 152 V6 号，DB 603LA 发动机测试，修改发动机后的操纵性测试，性能检测，整体发动机整流罩。

Ta 152 V7 号，DB 603LA 发动机测试，整体发动机整流罩，挂载鱼雷后的操纵性测试，性能检测。

首席试飞员桑德回忆说当时有严重的燃油短缺问题，在原型机要求的使用量中，只有 1/3 能送到，朗根哈根两年的测试时期迎来了苦涩的终结。

此时 Ta 152 系列最后的设计工作在巴特艾尔森进行，除了飞机气动改进以外，还有安装 Jumo 213J 发动机的初步研究、Ta 152 冲锋机的装甲布局。其他待开发的项目是：使用 MW100 喷液代替 MW50、矽化物玻璃制成的滑动座舱盖，加上无炮口的整体发动机整流罩。在 Ta 152 上安装 MG213 转膛炮的原型机也在设计

中，预定将最先安装在 V32/U2 号原型机上测试。此前的 1944 年 9 月，福克-沃尔夫的工程师检查过两门原型炮，认为可将 MG213 装在轴炮位置。不过到了最后，MG213 只完成了 18 门原型炮，而 V32/U2 号的测试情况也没有留下记录。

安装 Jumo 222 发动机的 Ta 152H 计划

1944 年末，福克-沃尔夫计划给 Ta 152H 安装 Jumo 222E 发动机，再加全新设计的层流翼型机翼。这种发动机比 Jumo 213 大很多，不过 Jumo 222E 可以和 Jumo 222A 型互换。公司随后发布简要说明，列出了性能指标和要求。不过很明显，安装 Jumo 222 发动机的计划完全停留在研究层面。此时喷气战斗机有明显优势，福克-沃尔夫也有了自己的 Ta 183 设计方案，是否应该继续这样改进 Ta 152 是值得讨论的。

Ta 152 使用的 Jumo 222E 会搭配 4 叶 V19 螺

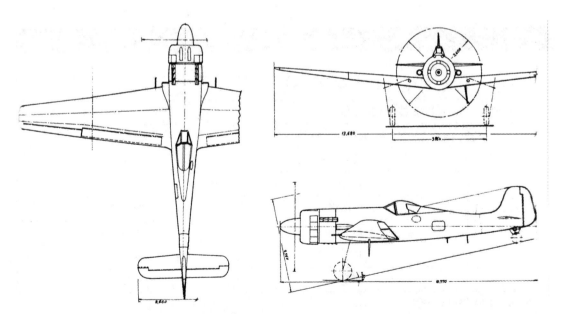

换装 Jumo 222 的 Ta 152 线图。可见机头两侧都有进气口，排管集中在侧面靠上的位置，机头正下方也有一组排管。由于发动机大幅度增重，倒是可能修复稳定性问题。

旋桨，直径 3.6 米。新机翼面积为 23.7 平方米，采用两根翼梁的结构设计，层流翼型的翼根相对厚度 15.85%、翼尖相对厚度 10%。据称这个计划有两个设计阶段，早期设计是无机翼油箱和 MW50 液箱，后期有机翼油箱而 MW50 液箱位于后机身。

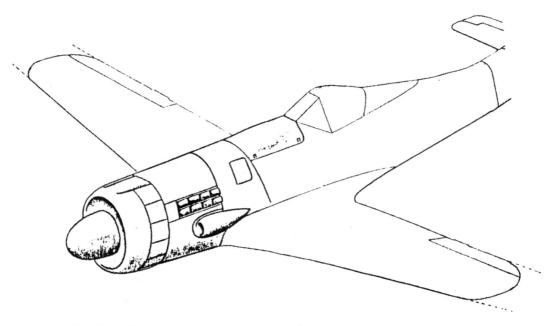

Jumo 222 方案侧前方简要视图。

安装 Jumo 222E 的 Ta 152 指标		
用途	单座战斗机、战斗轰炸机	
构造	单发、悬臂式下单翼、液压收放起落架	
发动机型号	Jumo 222E 带 MW50 系统	
尺寸	翼面积	23.8 平方米
	翼展	13.68 米
	展弦比	7.9
	垂尾面积	1.78 平方米
	平尾面积	2.89 平方米
	长度	10.77 米
	高度	3.75 米
正常起飞重量	5815 公斤	

续表

武器	机身 2 门 MG 151 航炮，每门备弹 150 发 翼根 2 门 MG 151 航炮，每门备弹 175 发
	或者，机身 2 门 MG 151 航炮，每门备弹 150 发 翼根 2 门 MK 103 航炮，每门备弹 55 发
装甲	防火墙前的发动机装甲 76 公斤、机身装甲 81 公斤，总共 157 公斤
装备	FuG 16ZY 无线电、FuG 25a 敌我识别器、FuG 125 无线电导航系统、K23 自动驾驶仪、Revi 16b 瞄准器
燃油系统	机身前油箱 232 升
	机身后油箱 360 升
	左机翼油箱 240 升
	右机翼油箱 240 升
性能	Jumo 222E 起飞功率 2500 公制马力，3000 转/分
最大速度	每小时 710 公里，9500 米高度，MW50 喷射。
实用升限	15000 米
航程	1290 公里/10000 米高度，无副油箱
海平面爬升率	22 米/秒

用 Jumo 222E 发动机，配层流翼型的 Ta 152 重量表，1944 年 12 月 4 日	
1. 结构总重（公斤）	
后机身	404
起落架	246
尾翼	125
操纵面	36
机翼	818
动力系统	2476
专用装备（武器：4 门 MG 151 航炮）	261
一般装备	237
其他组件（机身内 MW50 液箱）	15
总计	4618

续表

用 **Jumo 222E** 发动机，配层流翼型的 **Ta 152** 重量表，1944 年 12 月 4 日		
2. 有效载荷		
配备	设计	标准
飞行员	100	100
机身燃料	440	440
机翼燃料	—	354
滑油	40	61
MW50	—	125
弹药，机身 2 门 MG 151，各 150 发	54	54
弹药，翼根 2 门 MG 151，各 175 发	63	63
机内额外燃料	85	—
总计	782	1197
3. 总重量		
设计重量	5400	—
起飞重量	—	5815

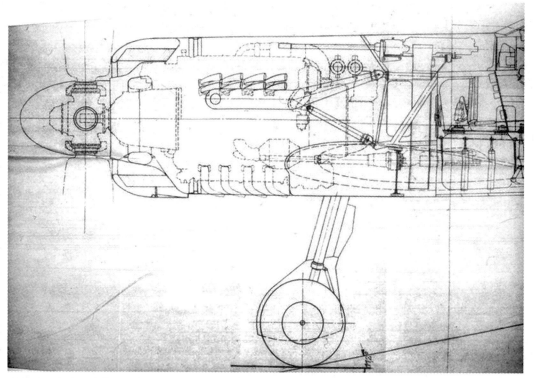

更细致一些的设计草图，由于 Jumo 222 发动机的直列-星形汽缸布局，排气管分为三组，有一组在机头正下方，这会导致无法使用原来的中央挂架。

生产崩溃

1944 年 11 月，Ta 152H 刚刚开始生产的时候，战争的前景已经很糟了。西面盟军的空袭越来越猛烈，福克-沃尔夫只得尽可能分散各型号的生产，将生产线转到东面，避开盟军轰炸机。但现在东面的战线逐渐靠近德国本土，分散的生产线受到了更严重的威胁。

福克-沃尔夫公司预定在 11 月初交付第一架飞机，但被不准确的图纸和缺乏夹具所拖延。夹具是在法国订购的，诺曼底登陆之后法国迅速解放，已经不可能再获得原定的物资了。另外在 1944 年 5 月 9 日，公司还计划在意大利生产 Ta 152，到了 7 月 24 日放弃计划。在生产中，密封座舱也造成了很大问题。就这样，到了 12 月 11 日，第一架生产型 Ta 152H（150003 号），终于抵达雷希林测试中心。

为了增加生产速度，在 1945 年 1 月，参谋部决定让容克斯的生产经理西德曼（Thiedemann）来统管 Me 262 生产，而 Ta 152 的生产交由赖歇尔特（Reichelt）博士统管。与此同时，生产出来的飞机质量还在持续下降，制造状况不佳甚至导致了生产短期内暂停，原因就是前面提到的飞机副翼作动杆焊接糟糕。

同样是在 1945 年 1 月里，空军装备主管决定从今以后奔驰 DB 603 发动机应该只用在 Fw 190 系列上。计划在月内用 DB 603 装备 15 架新的 Fw 190D-11，在 2 月再制造 15 架安装奔驰发动机的 Fw 190D-12 型，阿拉多公司负责整个 Fw 190D-14 型。

在这种状态下，1 月末发生了第一次生产崩溃，原因是没有机翼和液压系统组件交付。机身和机翼都在波森生产，这个地方已经失守，连带着工厂的工具和夹具。DB 603LA 发动机急

需改进，导致拖延得太严重、安装新发动机的 Ta 152C 迟迟无法测试。到了 1 月末，福克-沃尔夫公司已经预计整机生产不可能在 3 至 4 月之前开始。

1945 年 2 月 22 日，帝国元帅戈林在会议上采用了新的紧急生产计划，限制了 Ta 152 的改型，而且所有飞机都要送到战斗机部队去，对地攻击部队则用更多改装的 Fw 190 增强。然后到 3 月初，Ta 152 的稳定性问题闹大了，福克-沃尔夫的设计人员开始计划解决方案。3 月中旬出现另一个问题，在机翼内安装 MW50 液箱遇到了麻烦，这可能是在原型机上测试时遇到的问题，然而现在不清楚此事的详细情况。针对新问题，福克-沃尔夫提出的计划是将后机身 GM1 容器改为 MW50 液箱，这又和改善稳定性的措施相反，最后没有得到空军统帅部通过。这个问题可能也会导致 C 和 H 的生产型在短期内无法使用任何一种加力系统，但这很快就不会再是问题了。

3 月 20 日，战斗机部队总监戈洛布和他的参谋制订了新计划，这个计划比较配合戈林的指示，所有装备 Fw 190A 的部队会换装 D-9/12 或者可能的 D-13 型。第 301 联队仍是唯一装备 Ta 152 的部队，一大队和二大队将换装 Fw 190D-9 或者 Ta 152，三大队继续使用 Ta 152H-1。

结局是，在 1945 年 3 月 29 日，福克-沃尔夫公司与装备部开了个会，决定搁置 Ta 152 项目，以便推进安装 Jumo 213F 发动机的 Fw 190D 系列计划。该决定的理由是在开始时生产线就已经崩溃，还丢掉了生产工厂。此后没有再制订恢复生产的计划，可避免威胁 Me 262 所用的资源，自然也不需要再尝试修复飞机的稳定性问题。

虽然 Ta 152 本来是个极具野心的计划，在早期计划里，到了 1946 年 3 月会生产超过

15000 架飞机，成为德国空军主力。但到最后只完成了几十架，而且还被 Fw 190D 替换掉下场，后者本应该是 Ta 152 的替换目标。奇妙的是 Ta 152 图纸卖给了日本，当然日本人也没有能力生产这种飞机，他们完全无法提供可替代 Jumo 213 的高空发动机。

加拿大部队占领赖恩森恩之前，当地的德国残余部队炸毁了机场上的飞机，据称这张照片上的是 Fw 190 V18/U2 号原型机的残骸，也有这是其他 Ta 152H 的说法。

美国勤务人员在未完工的 Ta 152H 前摄影留念。他们在中央德意志金属厂的埃尔福特工厂里找到了这架尚未完工的 Ta 152 H-11 侦察机。注意扩大过后的机身侧面检修舱，照相机就从这里安装。

在埃尔福特工厂的飞机里还有一些 Ta 152E-0/E-1 侦察机，图中左侧是一架 Bf 109G-10，似乎是迫降时受损的。

战争结束后不久，美国陆军摄影师拍摄的埃尔福特工厂鸟瞰图，部分设施还大致完好。

福克-沃尔夫的不来梅工厂在 3 月开始生产，有一些飞机在组装的不同阶段，但没有可交付的，本图的飞机就是其中之一。

不来梅工厂生产线上的 Ta 152H-1 型。

C 型也算是展开了生产，但没能交付，具体情况也不明确。这是战争最后一段时间发现的机尾，上面还有 500645 的工厂编号。

已知工厂编号的生产型 Ta 152 的简要信息			
工厂编号	机身号	型号	备　　注
150001	CW+CA	H-0	1944 年 11 月 24 日在科特布斯首飞，由汉斯·桑德驾驶。由于发动机停机迫降。从 1945 年 1 月 27 日起，在第 301 联队服役
150002	CW+CB	H-0	1944 年 11 月 29 日在科特布斯首飞，由汉斯·桑德驾驶
150003	CW+CC	H-0	1944 年 12 月 3 日在科特布斯首飞，由汉斯·桑德驾驶。12 月 11 日，成为第一架到雷希林测试中心的 Ta 152，在这里改装了木制尾翼。1945 年 2 月 4 日起在测试指挥作战单位的 Ta 152 中队服役，由中队长斯托勒上尉驾驶，驻地是罗根廷
150004	CW+CD	H-0	1944 年 12 月 7 日在朗根哈根首飞，由汉斯·桑德驾驶。在朗根哈根作为测试台使用，改装了整体整流罩，由弗里德里希·施尼尔驾驶在 2 月 9 日进行了试飞。后交给第 301 联队，编为"绿 6"号
150005	CW+CE	H-0	1944 年 12 月 8 日在科特布斯进行了地面滑行，而后转交给荣克斯，作为发动机测试台。到 1945 年 3 月 18 日，仍在荣克斯的德绍机场
150006	CW+CF	H-0	1944 年 12 月 27 日从诺伊豪森飞到科特布斯，31 日飞回诺伊豪森。已知于 1945 年 2 月 10 日至 3 月 2 日之间，在雷希林测试。在测试指挥作战单位的 Ta 152 中队服役
150007	CW+CG	H-0	"黑 13"号，先在第 301 联队，而后又转到联队部。飞行员是军士长雷斯基
150008	CW+CH	H-0	在雷希林进行过测试。1945 年 2 月 20 日以机腹迫降在克莱恩豪森。在测试指挥作战单位的 Ta 152 中队服役
150009	CW+CI	H-0	1944 年 12 月 17 日在科特布斯进行过工厂测试，12 月 24 日转场到罗根廷。在测试指挥作战单位的 Ta 152 中队服役，而后转交给第 11 联队联队部
150010	CW+CJ	H-0	1945 年 1 月 30 日至 3 月 8 日，在雷希林测试。是第 2 架安装木质尾翼的 Ta 152H。在测试指挥作战单位的 Ta 152 中队服役，而后转交给第 11 联队联队部
150011	CW+CK	H-0	在雷希林进行过测试，第 1 架安装 GM1 系统的 Ta 152。在测试指挥作战单位的 Ta 152 中队服役
150012	CW+CL	H-0	1945 年 1 月交付。在测试指挥作战单位的 Ta 152 中队作为作战飞机服役
150013	CW+CM	H-0	1945 年 1 月 2 日，检查飞行，从科特布斯到诺伊豪森

工厂编号	机身号	型号	备 注
已知工厂编号的生产型 Ta 152 的简要信息			
150014	CW+CN	H-0	1944 年 12 月 23 日，由工厂飞行员比勒费尔德驾驶首飞。29 日从诺伊豪森到科特布斯检查飞行，次年 1 月 5 日进行接收飞行，回到诺伊豪森
150015	CW+CO	H-0	1945 年 1 月 5 日，从诺伊豪森到科特布斯检查飞行，6 日在诺伊豪森进行测试飞行
150016	CW+CP	H-0	1944 年 12 月 29 日，从诺伊豪森到科特布斯接收飞行。1 月 3 日进行检查飞行，飞回诺伊豪森
150017	CW+CQ	H-0	1944 年 12 月 29 日，从科特布斯到诺伊豪森测试飞行。1 月 3 日进行检查飞行，飞回科特布斯
150018	CW+CR	H-0	无信息
150019	CW+CS	H-0	1944 年 12 月 29 日，在诺伊豪森首飞，比勒费尔德驾驶
150020	CW+CT	H-0	1945 年 1 月 10 日，在诺伊豪森进行了测试飞行
150021	CW+CU	H-0	1944 年 12 月 31 日，从诺伊豪森到科特布斯检查飞行。1945 年 1 月 4 日，从科特布斯到诺伊豪森检查飞行
150022	CW+CV	H-0	1945 年 1 月 10 日，在诺伊豪森接收。1 月 27 日起在第 301 联队服役。2 月迫降过，之后修复
150023	CW+CW	H-0	1944 年 12 月 29 日，从科特布斯飞往诺伊豪森，比勒费尔德驾驶。在第 301 联队服役。1945 年 2 月 9 日，艾格斯上尉驾驶该机转场飞往雷希林时坠毁
150024	CW+CX	H-0	1944 年 12 月 31 日首飞，从科特布斯到诺伊豪森，比勒费尔德驾驶。在第 301 联队服役
150025	CW+CY	H-0	1944 年 12 月 31 日，从诺伊豪森到科特布斯检查飞行，着陆时起落架损坏，判定为 10% 损伤。1 月 27 日在诺伊豪森进行了检查飞行，而后在第 301 联队服役
150026	CW+CZ	H-0	无信息
150027	—	H-0	1944 年 12 月 29 日，在诺伊豪森进行测试飞行。改装为 Ta 152C-3 测试机，安装 DB 603E 发动机，加上 MK 103 轴炮
150028	—	H-0	无信息
150029	—	H-0	1945 年 1 月 7 日，在科特布斯首飞。在第 301 联队服役
150030	—	H-0	1945 年 2 月 1、2 日，在朗根哈根进行测试飞行，汉斯·桑德驾驶。改装为 Ta 152C-3 测试机，安装 DB 603E 发动机，加上 MK 103 轴炮
150031	—	H-0	无信息

续表

工厂编号	机身号	型号	备 注
已知工厂编号的生产型 Ta 152 的简要信息			
150032	—	H-0	1945 年 1 月 17 日，在科特布斯首飞。1 月 27 日开始在第 301 联队服役
150033	—	H-0	据称后机身是 Ta 152H-10 型的，作为中央德意志金属厂的侦察型量产模板
150034	—	H-0	1945 年 1 月 20 日首飞，从科特布斯到诺伊豪森。23 日在诺伊豪森进行了测试并被接收。1 月 27 日开始在第 301 联队服役
150035	—	H-0	1 月 27 日开始在第 301 联队服役
150036	—	H-0	1945 年 1 月 16 日，在科特布斯首飞。1 月 27 日开始在第 301 联队服役
150037	—	H-0	1945 年 1 月 18 日首飞，从科特布斯到诺伊豪森。1 月 27 日开始在第 301 联队服役，2 月 1 日坠毁，飞行员身亡，飞机损伤 98%，注销
150038	—	H-0	1 月 27 日开始在第 301 联队服役
150039	—	H-0	1 月 27 日开始在第 301 联队服役
150040	—	H-0	1 月 27 日开始在第 301 联队服役
150158	—	H-1/R11	据称在 5 月 8 日被美国人缴获，无其他细节
150159	—	H-1/R11	无信息
150160	—	H-1/R11	无信息
150161	—	H-1/R11	无信息
150162	—	H-1/R11	据称飞到了艾格飞机制造厂（Flugzeugwerke Eger，位于今捷克的切布），4 月 9 日被美国人发现，无其他细节
150163	—	H-1/R11	无信息
150164	—	H-1/R11	无信息
150165	—	H-1/R11	无信息
150166	—	H-1/R11	无信息
150167	—	H-1/R11	1945 年 4 月 15 日，在埃尔福特北机场被美国部队缴获，处于可飞行状态。该机最后在卡塞尔（Kassel）被拆毁
150168	—	H-1/R11	"绿 9"号，最后驾驶过它的德国飞行员是维尔·雷斯基（Willi Reschke）军士长。在莱克被缴获后送往英国，在范堡罗进行了测试，由埃里克·布朗驾驶，最后在英国被拆毁
150169	—	H-1/R11	已知工厂编号最大的飞机，可能与 150168 号一起被缴获
150170	—	H-1/R11	无信息
150171	—	H-1/R11	无信息
150172	—	H-1/R11	无信息

续表

已知工厂编号的生产型 Ta 152 的简要信息			
工厂编号	机身号	型号	备　注
150173	—	H-1/R11	无信息
150174	—	H-1/R11	"绿9"号，据称在莱克被英国人缴获，无其他细节
6000XX	—	C-1/R31	真实工厂编号不明，交付给了第301联队联队部，无其他细节
6000XX	—	C-1/R31	真实工厂编号不明，交付给了第301联队联队部，无其他细节

注：在诺伊豪森被毁的飞机可能是：150002号、150013号至150021号、150026号、150028号、150031号。

Ta 152 系列的原型机列表			
原型机编号	工厂编号	机身号	备　注
V1	250001	—	Ta 152A-1，未制造
V2	250002	—	Ta 152A-1，未制造
V3	260001	—	Ta 152H-1，未制造
V4	260002	—	Ta 152H-1，未制造
V5	260003	—	Ta 152H-1，未制造
V6	110006	VH+EY	Ta 152C-0，1944年12月12日首飞
V7	110007	CI+XM	Ta 152C-0/R11，1945年1月8日首飞
V8	110008	GW+QA	Ta 152C-0/EZ，1945年1月15日首飞
V9	110009	—	Ta 152E-1，1945年1月5日取消
V10	110010	—	Ta 152C-1，1944年10月18日取消
V11	110011	—	Ta 152C-1，1944年10月18日取消
V12	110012	—	Ta 152C-1，1944年10月18日取消
V13	110013	—	Ta 152E-1，1944年12月25日准备完毕。后改为C-1/R11，计划在1945年2月6日准备完毕
V14	110014	—	Ta 152E-1，1945年1月5日取消
V15	110015	—	Ta 152C-2/R11，K23型自动驾驶仪替换掉了PKS12型，计划在1945年2月14日准备完毕
V16	110016	—	Ta 152C-3，计划大约在1945年4—5月后准备完毕
V17	110017	—	Ta 152C-3，计划大约在1945年4—5月后准备完毕
V18	110018	—	Ta 152C-3，计划大约在1945年4—5月后准备完毕
V19	110019	—	Ta 152C-5，而后改为b-5，计划大约在1945年3月准备完毕
V20	110020	—	Ta 152C-5，而后改为b-5，计划大约在1945年3月准备完毕

原型机编号	工厂编号	机身号	备　注
Ta 152 系列的原型机列表			
V21	110021	—	Ta 152C-5，而后改为 b-5，计划大约在 1945 年 4 月准备完毕
V22	110022	—	Ta 152C-4，1944 年 10 月 18 日取消
V23	110023	—	Ta 152C-4，1944 年 10 月 18 日取消
V24	110024	—	Ta 152C-4，1944 年 10 月 18 日取消
V25	110025	—	Ta 152H-1，制造暂停。机翼已经完成，4 个翼内油箱，转给了 Fw 190 V32/U1
V26	110026	—	Ta 152H-10，记录上是由 Ta 152H-0 改装，原本工厂编号不明。计划在 1945 年 3 月准备完毕
V27	150027	—	由 Ta 152H-0 改装，用于测试 Ta 152C-3 的 MK 103 轴炮和 DB 603E 发动机
V28	150030	—	由 Ta 152H-0 改装，用于测试 Ta 152C-3 的 MK 103 轴炮和 DB 603E 发动机，计划在 1945 年 2 月 18 日准备完毕

原型机编号	工厂编号	机身号	备　注
Ta 152 相关的 Fw 190 原型机列表			
V19	0041	—	Ta 152A，1943 年 7 月 7 日首飞
V20	0042	TI+IG	Ta 152A，1943 年 11 月 23 日首飞
V21	0043	TI+IH	Ta 152A，1944 年 3 月 13 日首飞
V68	170003	DU+JC	Ta 152B，1944 年 12 月 13 日首飞。翼根 MK 103 航炮测试
V21/U1	0043	TI+IH	Ta 152C，1944 年 11 月 3 日首飞
Fw 190D-9	210002	TR+SB	Ta 152E-1/R1，1944 年 9 月 15 日首飞，战斗机改装，用于倾斜相机测试
V18/U1	0040	CF+OY	Ta 152H，1944 年 11 月 19 日首飞
V29/U1	0054	GH+KS	Ta 152H，1944 年 9 月 24 日首飞
V30/U1	0055	GH+KT	Ta 152H，1944 年 8 月 6 日首飞
V32/U1	0057	GH+KV	不明
V33/U1	0058	GH+KW	Ta 152H，1944 年 7 月 13 日首飞

第七节　Ta 152 的高空发动机

面对美国人潜在的高空轰炸能力，帝国航空部多少有所准备，但并不充分。到了 1942年，随着高空战斗机计划展开，德国终于开始废气涡轮的装机测试。航空部发动机发展计划总管沃尔弗拉姆·艾森洛尔（Wolfram Eisenlohr）于 1942 年 11 月 4 日在柏林的发动机计划工作组会议上这样说："发动机开发长期以来一直被忽视，导致了现在开发能力不足。"

艾森洛尔说到了关键点上，接下来德国主要的三家发动机公司上马十余种二级增压型号，

但可供 Ta 152 选择的只有几种，而切实量产了的仅有 Jumo 213E 一种，刚好赶上在 1944 年末伴随着飞机一起开始生产。

生产高性能航空活塞发动机并不是那么简单的事。画图纸做计划很容易，制造一两台原型机稍微困难一些，但如果需要既可靠又高性能的量产型号，难度却是跨越性的。高空发动机需要强劲的增压器，在这方面就更麻烦。

美国的参战时间比较晚，所以到了 1943 年中期，美国陆航仍没有足够资源进行对德大规模高空轰炸，但德国人认为这种攻击迟早会到来，只是时间和地点的问题。帝国航空部之前给梅塞施密特提供了三阶段路线图，以对应越

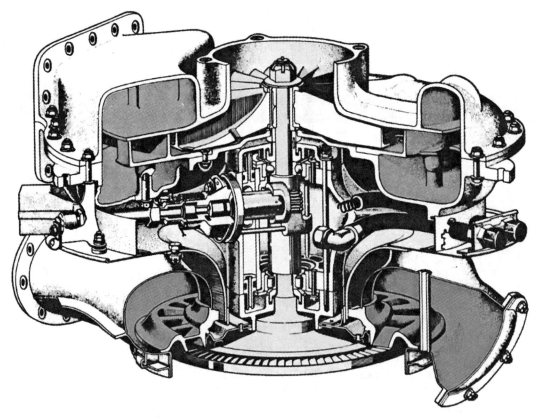

典型的废气涡轮，通用电气的 B 系列剖视图。图中红色是废气，蓝色是增压空气，浅蓝色是冷却空气，黄色是滑油。绿色是转子，上半部分是离心叶轮，下半部分是废气涡轮。废气涡轮是最好的高空增压方式，但德国缺乏稀有金属进行量产，只有使用机械增压。（见彩插）

来越高的作战高度。按照这个超现实的计划，第三阶段要求截击机在 12 到 17 公里高空作战。事后从旁观者的角度看，B-17 和 B-24 根本就没有这种能力，甚至连 B-29 都无法做到。

虽然现在难以查证，谭克博士应该也收到了同样的路线图。此时问题的核心是在奔驰、宝马、容克斯这三家发动机公司。这种超高空作战要求意味着航空发动机的临界高度至少要在 9 到 10 公里，才能在如此高度提供足够的功率，再加上高速飞行的冲压效应，以及最后一部分 GM1 系统的辅助，飞机的临界高度才可能满足第三阶段要求。按照战前思路制作的发动机都是一级机械增压器，它们无论如何也无法达到这种性能。

尽管帝国航空部最初倾向基本型发动机搭配一级废气涡轮增压，这种配置在热效率上很有优势，但受限于越来越高的预期作战高度，发展方向很快转向到二级增压上，包括一级机械增压加一级涡轮增压，还有二级机械增压这两种方案。鉴于德国无法提供足够多的耐热合金制造废气涡轮，前一种路线很快就宣告失败，奔驰、容克斯、宝马只有依赖二级机械增压器，再加上更大的传动比，让它们在高空给发动机提供足够的空气。

在这个方面，最重要的型号是容克斯 Jumo 213 发动机。此发动机的设计基于更早的 Jumo 211 型，准备大幅度提升功率，比较与众不同的是，这个新型号的排量维持在与 211 型相同的 34.97 升。相对的，新发动机有众多细节改进和强化组件，其中最主要的是这几点：在增压器进口前添加旋转节流阀(一个变距风扇形式的节流阀)以减小增压器的机械损耗和进气温度。修改轴承连杆系统，再加上先进的润滑系统，以此为基础，将发动机转速从 2700 转/分钟大幅度提高到 3250 转/分钟。最后一步是

增加进气压，最终大幅度加强功率输出。

大幅度改进之后，Jumo 213 发动机已经与 Jumo 211 大不相同，尤其是在早期原型机阶段增加过一次汽缸间隔，目的是改善散热性能。这个改动对所有部分都有影响，首当其冲就是要加长曲轴，而后几乎所有组件，例如轴承、连杆、汽缸排、凸轮轴等，尺寸随之改变之后，新发动机在细节上与 Jumo 211 完全不同。

主要改动完成之后，实际上的 Jumo 213 原型机，代表 A-0 型的 V1-57001 号，在 1940 年 3 月首次运转，它很快便在测试中表现出不错的性能。接下来的 2 年里，容克斯继续开发这个型号，让它的输出的功率接近 DB 603，反超了 DB 601/605 这个等级。纵使 Jumo 213 仍然只有每缸 3 气门，严重限制了发动机在高转速下的换气性能，而且排量还比 DB 603 更小。容克斯发动机的优势是比奔驰更好的曲轴、连杆以及润滑系统，也有良好的发展潜力——得益于这些优势，原则上来讲它还能继续增加转速。

帝国航空部认识到 Jumo 213 的优点之后，这个型号便成为一系列新计划的备选发动机。Jumo 213 的发展和准备动作比奔驰快，这个型号在逐渐赶上并超过 DB 603 的发展进度，但发展期间容克斯公司还在按照航空部的指示，继续开发更大的 Jumo 222 发动机，这很可能分散了设计力量，造成额外拖延。从结果来看，Jumo 213 在接下来的时期中有大量细节改进，在 1942 年 1 月 20 日，开发文件中第一次出现了"性能满意"字样，最后总算定型并于 1943 年进入批量生产阶段。但是因为稀有金属短缺，以及不能影响现有 Jumo 211 的生产(用于各种轰炸机等型号)，Jumo 213 的产量扩大进度比较缓慢。等到了 1944 年，盟军的轰炸又开始影响发动机产能，结果是基础型号的 Jumo 213A 的产量比较有限，而全系列总计只有大约 9000 台。

容克斯的新动力系统编号为 9-8213FH，其核心即 Jumo 213E 型。相比 Fw 190D-9 使用的 Jumo 213A 型，E 型最大的改动是一级二速增压器变成二级三速增压器。发动机的起飞功率没有增长，但高空性能有极大提升。在静态空气环境里，A 型的二速临界高度只有 4200 米左右，而 E 型提高到了约 8500 米。同时 E 型还有中冷器，用以降低发动机进气温度。按照计划，Jumo 213E 可以使用 MW50 和 GM1 系统，前者增加在临界高度以下的功率，后者在临界高度以上使用，在 11 至 14 公里高空提供额外动力。

按照计划，如果发动机功能符合预期，那么按照 1945 年 1 月 3 日的乐观估算，Ta 152H 能在 9.3~9.5 公里的临界高度达到最大 749 公里/时的速度，在 12.5 公里高度使用 GM1 喷射达到 760 公里/时的速度。但由于情况紧迫，第一批装上 Ta 152H 的 Jumo 213E 发动机完全是测试性质的，还没有准备好大量生产，也不具备

计划中的所有性能：由于传动系统强度不足，只能在增压器的一速和二速下使用 MW50 系统，无法在三速下使用。不过这对 Ta 152H-0 没有影响，因为它们没有 MW50 系统可用。

计划上来讲，经过改进的 Jumo 213E-1 将达到预定指标，同时可以正常使用 MW50 系统，并且解决增压器喘振。此前容克斯公司已经给 Jumo 213A 发动机配发了改装套件，可通过增加进气压提升 150 马力功率，在只使用 B4 汽油时输出 1900 马力。在 1945 年 2 月，容克斯的技术人员开始给第 301 联队三大队正在使用的飞机改装这个组件，据飞过第一架经过改装的 Ta 152H 飞行员称，他对飞机性能的提升很满意。

与 E 型同期的还有 Jumo 213F 型发动机，准备使用于 Fw 190D-11/12/13 战斗机。这个型号与 E 型基本相同，但没有中冷器，以简化生产流程。已知 F 型也未能批量生产，只有少量原型机。由于德国汽油性能不足，仅提高进气压

现存的 Jumo 213E 发动机舱，据称这是稍微改进的 E-1 型。

从另一个角度看 Jumo 213E，可见左侧的增压器进气口。

Jumo 213J 原型机照片，例如这个增压器看起来像是 Jumo 213F 型的组件。

博物馆中保存的 Jumo 222E 发动机。

1928 年位于德绍的容克斯公司厂房，带有一个宽广的草皮机场。

来增加功率的手段不可行，最后的 Jumo 213J 型将进一步增加发动机转速，主要以此增加功率。另外还要略微扩大排量到 37.5 升，同时将每汽缸 3 气门改为 4 气门，曲轴、连杆、附件支架都要进行强化或者重新设计。按照容克斯的计划，

这些措施将再度大幅提高功率，同时搭配新的 4 叶 VS 19 螺旋桨。

现在 J 型的遗留资料很少，它的设计指标是以每分钟 3700 转运行时，在海平面高度最大输出 2600 马力，而临界高度超过 10 公里。J 型发

动机原型机实际能达成多高指标尚不明确，可以确定的是它还在发展阶段。盟军缴获了 J 型的原型机，尚未搭配所有计划中的组件，它还远没有到可投产的程度。

Jumo 222 是个野心极大的发动机计划，从 1937 年开始研发。这种发动机有 24 个汽缸，排量为 46.5 升。基本构型是将汽缸分成 6 排以 60° 夹角排列，让它看起来有点像星形发动机。但作为直列汽缸布局，Jumo 222 的每个汽缸仍只有 3 个气门，依旧限制着高转速时的换气性能。这种发动机尺寸巨大，最初预定给"B 轰炸机计划"使用，但也能勉强安装在战斗机上。

Jumo 222 的原型机在 1939 年 4 月 24 日首次测试运行，而后有了 Jumo 222A/B 两种螺旋桨轴旋转方向不同的生产型。接下来的改进流程中，Jumo 222 连续两次增大排量，从 49.88 升再到 55.5 升，这当然又会造成大量组件需要重新设计。此外，容克斯公司还利用最初的较小排量 A/B 方案，增加二级增压器和 3 个中冷器（分别给三组汽缸供气使用），制作出加强高空性能的 E/F 型发动机。

这种发动机的发展历程历经波折，它在 1940 年通过 2000 马力认证，但又在 1941 年 12 月从生产计划中被刷下。1942 年 6 月 4 日，它通过 3000 马力认证，于是到了 8 月，帝国航空部再度考虑生产。而后在 1943 年 2 月的生产计划里，预定 Jumo 222 将于 1944 年 10 月开始生产，工厂位于布拉格。

各种型号的 Jumo 222 生产了 289 台，由于设计过于复杂，故障率太高，各种问题解决得太慢（尤其是轴承问题）。这些毛病导致 Jumo 222 迟迟无法投入服役。而且改进过程中发动机重量也在不断增加，让它无法达到预定的指标。

结果，在 Jumo 222 改进到可实用的水平之前，容克斯公司总部遭到轰炸，完全断绝了这种发动机的前途。不过在这种情况下，福克-沃尔夫仍然对安装 Jumo 222 的 Ta 152 方案进行了研究。另外，因为这是德国唯一可行的 3000 马力级别发动机，等到 1945 年，该型号又被帝国航空部赋予最高优先级。当然，此时最高优先级也毫无意义，容克斯已经没有足够能力继续开发。

戴姆勒-奔驰提供的型号是 DB 603，这是一种尺寸较大的 V12 构型发动机，其排量达到 44.52 升。DB 603 最早安装在该公司的 T80 汽车上，奔驰公司本准备用这个组合挑战陆地速度纪录，但最后没有真正进行。从战争开始前到战争初期这段时间里，作为航空发动机使用的 DB 603 缺乏合适的飞机可安装，原型机到了 1939 年才测试运行。此时帝国航空部也对它没多少兴趣，甚至在这年由于预算超标而不再给这个项目提供资金。

还好几个月后航空部重新检视了 DB 603 项目，决定继续发展该型号，并且下单订购 120 台。于是 DB 603 在 1940 年初才步入正轨。基本型号的 DB 603A 研制时间较晚，它的基础设计类似于 DB 601 发动机，主要通过放大排量和整体尺寸来增加功率。同时，这个型号继承了奔驰的液力传动增压器，以及较高压缩比的总技术路线。奔驰路线的优势在于热效率高，单位油耗率低，但对发动机材料要求较高。

标准的 DB 603A 于 1942 年 5 月开始生产，此时 DB 601 的发展型 DB 605 也已经投产。经过大量改进之后，DB 605 在细节上优于 DB 603，而且主力战斗机 Bf 109 急需这个型号，奔驰公司的生产和发展重心也放在 DB 605 上。结果早期 DB 603A 的可靠性不佳，奔驰公司花费掉很长时间来解决问题。

在这种情况下，后继型号的测试更为麻烦，投产的 DB 603 只获得了有限的改进：扩大增压器的 AA 型在 1944 年开始生产，类似的 E 型也已经比较成熟，原型机已经在年末装上 Ta 152C。增加增压器转速和压缩比的高空型 DB 603G 也有了可装机测试的原型机，这种发动机设计时预定使用 C3 汽油，而计划给 Ta 152 系列使用的二级增压型号 L/LA 仍处于开发和测试之中。

1944 年末至 1945 年，帝国航空部对新型号的需求极为迫切，但战况发展让奔驰无法顺利准备新型号，Ta 152C 只能以 DB 603E 发动机投产。可能较早投入使用的 DB 603G 型已经半途取消，尽管 G 型是一级增压型号里高空性能最好的，比较实用，但无法满足航空部的超高空作战需求。超高空使用的发动机必须要有二级增压才行，问题是奔驰在二级增压的 L 型上进展也不顺利，为此奔驰准备制作取消中冷器的简化版 LA 型，以期尽快投入生产。可是 LA 型也没达到投产的阶段，到战争结束都只有原型机。

基于 L 型的后继者是 N 型，这个型号有更大改动，将从汽缸开始全面重新设计。不仅准备搭配可变液力传动的凸轮轴，还要将发动机转速从 2700 转/分增加到 3000 转/分。另外二级增压器准备搭配一套更复杂的传动系统，它将在低速挡直接机械传动，高速挡切换为液力传动。机械传动在特定速点的效率较高，而液力传动可提供平滑的输出曲线，可见奔驰准备以进一步复杂化机械构造来加强整体效率。N 型计划的最大功率相当可观，在 1000 米高度最大输出 3000 马力。可以说奔驰在 N 型上的野心颇大，这也几乎是全新的发动机。

DB 603 系列的总产量不足 9000 台，奔驰还有很多基于 DB 603 的大改型，包括 DB 624、DB 626、DB 627、DB 632，搭配了各种不同构造形式的二级增压器，部分型号还准备搭配共轴对转螺旋桨。然而现实是残酷的，主要的 L

斯图加特-埃希特尔丁根机场，奔驰的故乡。此照片摄于 1944 年，一架瑞士航空的 DC-2 被炸毁在机场上。

奔驰公司有大量二级增压发动机研究型号，大部分倾向将多个增压器尽量紧凑地安装在发动机周围，给装机提供便利。例如本图中的 DB 623，两侧排气分别导入两个废气涡轮。

DB 628 发动机，第一级增压器位于发动机前方的减速器处，这个设计很新奇，但运行起来很糟。

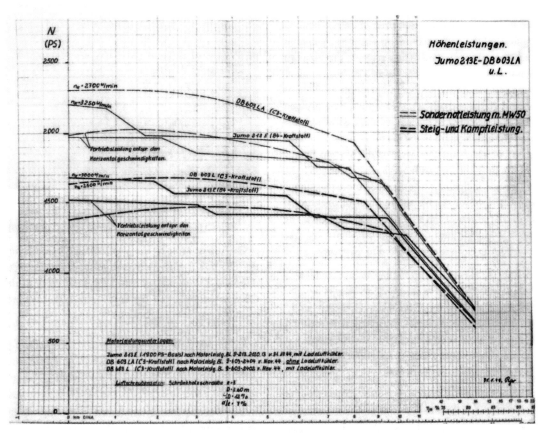

两种搭配给 Ta 152 系列的高空发动机功率对比，注意横轴为高度，纵轴为功率，功率线最左侧的 n＝xxxx 字样表示转速。此处的 Jumo 213E（折线形实线）已经配备升级组件，使用 B4 汽油，无加力最大功率 1900 马力，开启 MW50 加力时海平面功率 2200 马力。而 DB603LA（曲线形虚线）则配备更好的 C3 汽油，让它有一定优势。但在爬升和战斗功率下（粗线），两种发动机功率相当。

型都还远没有完成，在 1945 年初只有少量原型机，后继的 N 型只有单缸测试机，研发流程刚刚开了个头，鉴于改动幅度过大，还准备使用很多新概念设计，它丝毫没有投产希望。其他各个型号发动机要么在技术上难以实用，要么还不如 L 型，继续研究只是浪费人力物力，于是为了节约资源，它们都在 1942 年至 1944 年间逐渐被放弃。

此前梅塞施密特的高空战斗机准备使用 DB 628 发动机，这个型号基于排量较小的 DB 605，除了原有的发动机侧面增压器，还在发动机前方安装了第二个机械增压器，由螺旋桨减速齿轮驱动，两级增压器之后有后冷器。这是个比较紧凑的设计方案，1942 年就在 Bf 109 上进行了测试，但发动机性能和可靠性不足，在 1944 年彻底放弃。后来准备投产的二级增压 DB 605 发动机是 L 型，它的两级增压器都在发动机侧后方，与 DB 603L 的构造相同，预定搭配给 Bf 109K-14 型使用。

按照帝国航空部的指示，宝马公司已经在 1938 年完全放弃直列液冷发动机，专注于风冷星形发动机研究。在宝马与布拉莫合并，集结了德国所有风冷发动机技术资源之后，诞生了最大成果 BMW 801，这种发动机有多个型号飞

宝马有很多著名产品，例如 R 75 摩托车。宝马公司本来在航空发动机方面实力不错，但按照帝国航空部指示转向风冷发动机之后，表现就不算出色了。德国缺乏这方面的技术储备，开发高性能风冷发动机实属强人所难。

1935 年，希特勒视察慕尼黑的宝马工厂，他面前有一台 V 型发动机。

宝马在慕尼黑的发动机工厂，房顶上有迷彩涂装。

BMW 801 生产线，可见发动机和一体化的 Fw 190A 战斗机整流罩。在 1944 年末，宝马有大约 29000 名强迫劳工，占工人总数超过 50%。奔驰和容克斯公司的情况也类似，纳粹政府逼迫他们工作，这当然会降低发动机生产质量。

机使用，从 1941 年生产到战争结束。为应对高空战斗机项目，宝马准备了 BMW 801R 发动机，作为专用的高空型号。R 型比较特别，融合了 E 型和 BMW 805 这个全新设计里的先进技术，它拥有二级四速增压器，同时安装中冷器和后冷器，增压器进口前搭配旋转节流阀。设计指标是在海平面输出 2000 马力，11 公里高空输出 1400 马力。

以 BMW 801 的汽缸为基础，宝马公司还设计了 18 汽缸版本的 BMW 802，以及两台 BMW 801 组合并改为液冷的 BMW 803。但宝马的改进效率比预想的低，再加上盟军轰炸，BMW 801 的后继改型进展不顺，现有的 Fw 190A 性能得不到有效提升。后继发展的 R 型甚至都无法确定是否制造出了原型机，废气增压的 TJ 型到战争结束都只有一台原型机。在这种状态下，BMW 802 和 803 两种型号仅停留于测试阶段。福克-沃尔夫公司有针对后两种型号的研究，明显都不可能投产。

德国主要发动机公司面临相同的重大问题，即缺乏有色金属。在战争时期，德国航空发动机上使用的镍、铬、钼等材质重量和比例越来越低，反过来影响了发动机功率、可靠性和寿命。例如发动机曲轴需要使用铬钼钒钢，轴承则是铜铅合金，排气阀需要镍合金。如果核心组件由于缺乏有色金属而性能不足，必然会阻碍功率提升，这对大幅度增加转速的最后几个新型号影响尤其大。

实际上，奔驰和宝马发动机在之前的 1942 年至 1944 年之间就处于功率停滞不前的状态，它们饱受排气阀抗腐蚀性能不足困扰，再加上奔驰发动机的火花塞热值也不够，导致它无法自洁、积碳严重。此外液冷发动机的散热系统性能也较差，冷却液压力比英美发动机低。这样各种毛病和问题限制着发动机功率增长。在

1942 年 11 月 2 日的会议上，米尔希提到部分飞行员将 BMW 801 称为"猪"，DB 605 则是"花盆"，这是当时前线对现有发动机恶评的缩影。

与盟军相比，德国人资源缺乏的问题显得尤其严重。第一个例子是轴承耐磨损合金，德国的银和锡不足，而当时铟主要产自加拿大。在这种限制下，德国发动机只能使用普通的铜铅轴承，对高负载和滑油的酸性成分耐受力不足，轴承寿命长期困扰着德国战斗机。而盟军生产的"灰背隼"轴承是铜-铅-锡三金属轴承，采用电镀银或铟的工艺，性能要比双金属轴承好不少。

第二个方面是耐高温合金。在 1942 年 10 月，德国工程师检测了缴获"喷火"战斗机的排气管，发现其材质中有高达 80% 比例的镍、12.6% 的铬、0.67% 的钴、0.28% 的锰、0.19% 的钛，剩下略超过 6% 的铁、硅、碳。这种以稀有金属为核心的材质在德国是难以想象的，此时德国发动机排管使用的是铝铬硅耐热钢，主要成分是铁(含 8% 铬和 1% 铝)，里面半点镍都没有。Jumo 213 在早期发展阶段搭配了这种材质的排管，10 小时测试运转就可能导致排管开裂。

在这方面，宝马公司对其他发动机公司的型号有很大帮助。因为发动机气门也需要较大比例的镍，而帝国航空部推行的经济材料中稀有金属比例很低。例如在 DB 605A 发动机上，由于气门材料从 15% 镍含量的合金转为 8% 镍含量的经济合金，DB 605 在 1942 年刚服役时便遇到了灾难性的问题。由于排气阀腐蚀结垢，导致缸内温度过高，会提前点火引燃混合气，这个故障甚至会造成烧穿活塞的恶劣结果。多起严重事故发生之后，奔驰只得发布通知，要求前线使用的部队限制所有 DB 605A 发动机的功率，但在降低功率的情况下活塞仍有可能烧穿。

这个问题明显降低了 Bf 109G 的性能，此事甚至通过戈林惊动了希特勒，接着希特勒在 1942 年 7 月 21 日的第 44 号元首令中特意强调芬兰的镍供应非常重要。

另一家发动机公司已经有了解决方案，宝马在前一年率先使用镀铬排气阀，并且在 BMW 801 上成功解决了同样的问题。作为镍合金排气阀的替代品，镀铬排气阀是解决功率问题的关键之一，至少在镀铬层磨损之前能保证发动机正常运行一段时间。虽然性能和寿命仍不如镍合金排气阀，但随着这项技术推广和其他部分问题逐步解决，总算让德国活塞发动机能在 1944 年重回功率增长的道路：奔驰和容克斯都拿出了新型号设计方案，但为时已晚。

DB 603E/F 性能表					
高度(公里)	功率分挡	功率(公制马力)	转速（转/分）	单位油耗率（克/马力小时）	油耗（升/小时）
0	起飞和应急功率	1750	2700	235+10	565
0	爬升和战斗功率	1580	2500	220+10	480
0	最大持续功率	1375	2300	215+10	410
6.3(临界高度)	应急功率	1590	2700	235+10	520
6.3	爬升和战斗功率	1490	2500	220+10	450
6	最大持续功率	1390	2300	215+10	410
5.6	持续功率	1170	2000	205+10	330
10	应急功率	1000	2700	—	—
使用 C3 汽油时					
0	起飞和应急功率(MW50)	2400	2700	—	—
0	起飞和应急功率	2150	2700	—	—
6.4	爬升和战斗功率	1530	2500	—	—
其他信息					
减速比	1∶1.93				
相对重量(公斤)	E=910+3%，F=990+3%				
备注	DB 603E 顺时针旋转，DB 603F 逆时针旋转				

注：这份数据表的发布时间较早，发动机的最大功率比更晚的数据低 50 马力。

DB 603E/F 性能表				
高度 (公里)	功率分挡	功率 (公制马力)	转速 (转/分)	备注
DB 603L 性能(C3 汽油加 GM1 系统)				
0	起飞和应急功率	2100	2700	起飞和应急功率的进气压为 1.75ATA，爬升和战斗功率的进气压为 1.45ATA。发动机重量为 970 公斤
2	起飞和应急功率	2160	2700	
9	起飞和应急功率	1750	2700	
11.5	起飞和应急功率(GM1)	1450	2700	
12.5	起飞和应急功率(GM1)	1455	2700	
0	爬升和战斗功率	1800	2500	
1.8	爬升和战斗功率	1840	2500	
9.1	爬升和战斗功率	1480	2500	
DB 603LA 性能(B4 汽油加 MW50 系统，或 C3 汽油)				
0	起飞和应急功率(MW50)	2300	2700	起飞和应急功率的进气压为 2.0ATA（MW50）或 1.8ATA，爬升和战斗功率的进气压为 1.45ATA
8.2	起飞和应急功率(MW50)	1900	2700	
0	起飞和应急功率	2100	2700	
9	起飞和应急功率	1750	2700	
0	爬升和战斗功率	1800	2500	
9.1	爬升和战斗功率	1500	2500	
DB 603LA 性能(C3 汽油加 MW50 系统)				
0	起飞和应急功率(MW50)	2600	2700	起飞和应急功率的进气压为 2.3ATA（MW50）或 1.8ATA，爬升和战斗功率的进气压为 1.45ATA
7.6	起飞和应急功率(MW50)	2200	2700	
0	起飞和应急功率	2100	2700	
9	起飞和应急功率	1750	2700	
0	爬升和战斗功率	1800	2500	
9.1	爬升和战斗功率	1500	2500	

Jumo 213E 发动机指标	
基本要素	液冷、倒置 V 形 12 汽缸、二级三速机械增压器
减速比	1：2.4
起飞功率（公制马力）	1730（3250 转/分）
爬升和战斗功率 （公制马力）	1580（3000 转/分，海平面高度）
	1260（3000 转/分，10700 米高度）
燃料	87 号 B4 汽油，计划改用 100 号 C3 汽油
散热器	内置散热器，通过四个部分径向通流
滑油散热器	热交换器
冷却系统	散热器和滑油散热器均在主冷却回路中。增压中冷器在次要冷却回路中，冷却液从主水泵流出，通过增压空气热交换器，流往冷却液泵
排气系统	普通排管
螺旋桨	容克斯 3 叶变距桨，VS 9 型木制桨叶，直径 3.6 米，桨叶宽度 43.92 厘米。将换装 4 叶 VS 19 型桨叶，直径 3.5 米，桨叶宽度 40.25 厘米，可承载更大功率

第二章　Ta 152H 的服役生涯

第一节　在第301战斗机联队的服役情况

1944年12月初，第301战斗机联队三大队就接到改用Ta 152H战斗机的通知。但新飞机迟迟不能交付，部队在这个期间只能继续用Fw 190执行任务。1945年1月1日的"底板行动"开始时，第301联队和300联队就成了帝国防空的脊梁。从1月4日开始，三大队向卢考（Luckau）附近的阿特诺（Alteno）机场转移，而后又是波森附近的希罗达（Schroda），这里已经很靠近现在的东线了。结果他们抵达希罗达后几

乎立刻就要放弃机场，因为地面战线正在逼近。大队的大部分Fw 190A-8/R11和R2型在雾中起飞返回阿特诺，剩下的则被炸毁。

终于，换装新飞机的日子到了，三大队坐上煤气动力卡车向科特布斯进发。有说法称他们转交了现有的Fw 190A-8，但换装命令是保留现有飞机，而且该大队使用过A-8进行过对比测试，这说明该大队至少没有将飞机全部交出。1月27日，队员抵达诺伊豪森的时候，新飞机现身了：飞行员们从卡车的木凳上站起来观看，那边停放着一排Ta 152。这个光景让他们颇为惊奇，新飞机有修长的机翼和机头，这些与Fw 190A相反的特征让它们看起来不那么像战

第301战斗机联队在1945年2月接收飞机时拍下的照片，一排Ta 152H-0排列在阿特诺机场上。这些飞机属于第11中队，螺旋桨毂为全黑色，没有规范要求的白色螺旋形提示色带。

斗机。

就是在这时候，不知谁拍摄了唯一一张大队接收新飞机的照片。此前 16 日的空袭已经击毁了不少 H-0，那些飞机本来也应该在此时交给三大队，结果就是无法达成 35 架的预定交付数量。

交付的第一批飞机是 Ta 152H-0，工厂编号为 150001、150022、150025、150032、150034 至 150040。福克-沃尔夫的技术人员进行了简单的口头讲解，飞行员们便把它们飞回阿特诺。

换装工作和训练一直持续，从接收飞机的

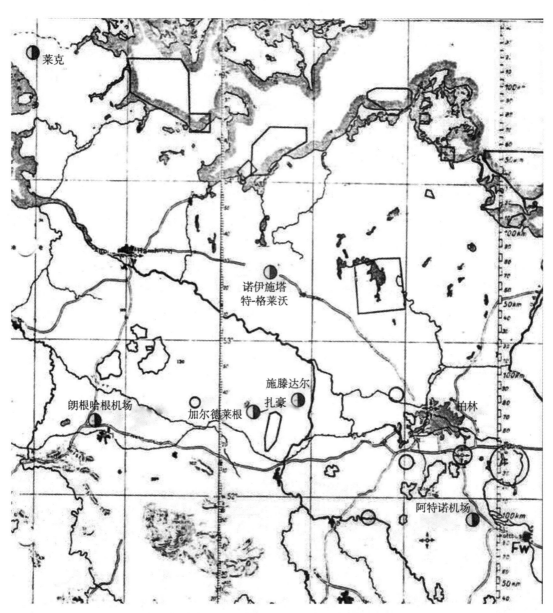

几个关键地点的位置示意图。柏林在地图右侧靠下，南面的圆圈标记是阿特诺机场。柏林西面第一个标记是施滕达尔(Stendal)，第二个是扎豪(Sachau)，西面最远处是朗根哈根机场。柏林西北是诺伊施塔特-格莱沃(Neustadt-Glewe)，西北方最远的是莱克(Leck)。

那天到 2 月底，三大队都无法参加战斗。此时大队的队长是古斯（Guth）少校，副官是施罗德（Schroder）少尉，技术军官是霍尔泽（Holzer）上尉，不过他在 2 月 14 日被调到了一大队，继任人是二大队来的舍伦伯格（Schallenberg）中尉。

在换装过程中，工厂编号为 150037 的 Ta 152H 于 2 月 1 日坠毁，当时的飞行员是赫尔曼·杜尔（Hermann Durr）中士。他当时在距离机场不远的空域飞训练任务，驾驶飞机进入了平螺旋，坠地身亡。飞机本身被认定 98% 损伤，只能注销。而 150022 号机在起飞后不久迫降，得到了修复，可以继续飞行。到了 2 月 9 日，在进行武器测试之后，赫伯特·艾格斯（Herbert Eggers）上尉驾驶的 150023 号机返回雷希林测试中心，但他在进场降落时坠机，机毁人亡。

2 月 2 日，第 9 中队的本诺·茹和（Benno Ruhe）上尉、哈格多恩（A. W. Hagedorn）少尉和克里斯托弗·布鲁姆（Christof Blum）下士到科特布斯接收 Ta 152H 并驾机返回阿特诺。据记载，哈格多恩在离开时驾驶的是"黄 2"号，该机很可能是预定给第 11 中队的飞机，而第 9 中队用白色数字。

哈格多恩回忆说：

我们达到了空前的 13200 米高度。我们的地速，在后来与航空设备技术部的飞机研发处主管西格弗里德·克内迈尔（Sigfried Knemeyer）上校一起算了出来，达到了 820~830 公里/时。我这辈子从来没坐进过这么快的飞机。

到 3000 米高度为止，我们的爬升率表显示大约 20 米/秒的爬升率，过了 3000 米后开始下降。无论如何，这是个惊人的展开，我们就像成熟的梅子一样挂在天上，飞机越来越高——方向舵一直很灵敏。

把油门推到头之后，起飞也是令人难以置信的。卢考的机场（即阿特诺），在我飞的时候，只有 600 米长度。飞机离地了，我的意思是真的飞起来了，只用了 300 到 400 米！我从来没见过这样的事，它不可思议的机动性超越了我体验过的任何飞机。众所周知，如果你在狗斗中拉杆过头，即使一架 Fw 190 也会在失速螺旋的边缘抖动。但我们发现，在 Ta 152 上，你可以让飞机绕着它自己尾巴扭过来扭过去。这架飞机真的可以到处转。其他人遇到了副翼不受控的问题，但我成功做到了看似不可能的盘旋半径，没有遇到任何副翼问题。

鲁迪·德里比（Rudi Driebe）下士在 1944 年 12 月 22 日加入 301 联队第 10 中队（属于三大队），他后来回忆了这段时期，说：

1945 年 1 月，我们在卢考附近的阿特诺换装，接收了 24 至 26 架飞机。其中不少在转换训练中由于迫降和其他原因损失，剩下的 Ta 152 交给了联队部指挥小队。据我所知，仅有一次柏林受到空袭时，Ta 152 参加了截击任务。那天联队损失惨重，只有 Ta 152 安全返回，如果 Ta 152 能在一年前参战，那对 P-51 来说可就糟透了。

为了进行转换训练，我们先收到了 2 架 Ta 152H-0 型。这 2 架飞机在天上的操纵性很不错，但起飞很麻烦。起飞后收起落架时，右侧起落架会放下大约三分之一，只有用力迅速推杆，才能利用离心力将起落架收到机翼中。由于这个原因，我们的飞机都会在起飞后猛然晃动。第一次采取这个措施时往往没有效果，飞机在这个阶段操纵起来很困难。此问题在 Ta 152H-1 上已经修正。

在狗斗时，P-51 可以非常迅速地转向并立刻开火。开始转弯时，在第一圈，Ta 152 的盘旋半径比 P-51 更大，但很快就会越来越小。所以，如果一名飞行员在狗斗中躲过了"野马"的第一轮攻击，他就很可能在接下来的盘旋中反咬"野马"。在 1945 年 1 月里，有些联队部的同志就成功做到了。

小盘旋半径归功于宽弦螺旋桨和 2400 马力的 Jumo 213 发动机。听起来可能很梦幻，在施滕达尔的基地上空，我可以在机场范围内飞 8 字盘旋。用 Fw 190 可没办法这样飞。

在一次训练飞行中，我驾驶 Ta 152 从 7000 米高度俯冲，飞到了约 1000 公里/时——我不敢飞更快了！我在大约 600 米高度利用电动的升降舵配平改出俯冲——没有碰油门——然后又爬升回 7000 米。结果从俯冲的最后三分之一到 7000 米高度一直黑视。但我的 Ta 152 稳定地飞行，就像一块木板，真是令人陶醉！

维尔·雷斯基（Will Reschke）军士长也称赞过飞机的操纵性："起飞时的加速性能很好，爬升率也很好，对这么大的翼展来说很不寻常。侧面视野和座舱空间都很赞。降落速度比较慢，但也不普通。"他后来还说："如果在任务和空战中，我总能有这样的一架飞机，它有高性能和良好的操纵性，我会很愉快的。我认为 Ta 152 对于当前的状况和要求来讲，是一流的飞机。"

维尔·雷斯基军士长，这是他在 1945 年 5 月的照片。

米凯利斯下士的说法与其他人很类似："Ta 152 的机动性比 Fw 190 好得多。它更出众，而且真正让我惊讶的，是增压器维持进气压的高度不可思议，也比 Fw 190 好得多。Fw 190 在 2700 转/分、1.42 倍大气压的应急动力下，临界高度只有 5700 米。在 9000 米高度，飞机表现得很蹩脚——如果你尝试急转，只会进入螺旋。在 Ta 152 上我完全感受不到这种特性。我毫不费力地爬升到了 10500 米，但一根滑油管线破裂，糊满了风挡，我不得不立刻返回基地。"

到 2 月 14 日为止，大队已经飞行了 120 架次，滞空时间共约 40 小时，所有飞行员都在新飞机上进行了培训以及练习飞行。此时大队共有 4 个中队，每个中队长手下有 12 名飞行员，显然没有足够的飞机让他们使用。飞机本身的可用率在 75% 左右，但很快便出现了大问题，由于汽油中含水，使得燃油喷射泵故障，可用率迅速跌到 30%。还好技术人员也很快解决了问题。但又因为前线靠近，阿特诺机场变成了战斗机和战斗轰炸机使用的作战基地，三大队预定转移到埃尔福特附近的阿尔佩尔斯特（Alperstedt），在这里可以不受干扰。但最后还是在 2 月 16 日转场到了扎豪，这个机场在加尔德莱根（Gardelegen）附近，在柏林西面约 150 公里距离。

据称在 2 月的转换训练中，有 5 架飞机由于发动机起火损失。飞行员们说通常是发动机左侧先开始起火，虽然每次飞行员都跳伞逃生，但飞机全毁后很难查证事故原因。最后，问题范围缩小到冷却液管线上，可能是由于冷却液泄漏到排气管上，导致其中的乙二醇起火。总共有 18 台发动机由于各种毛病无法使用，一度让所有飞机趴窝。除此之外还有其他的各种小问题，基本在下文的战地技术组报告中列出。

现在无法确证有多少 Ta 152H-1 型参加了空战，只能确定 H-1 型交付过几架。数量占比更大的 H-0 型没有 MW50 系统，即便有若干飞机配备 GM1 系统或者后机身油箱，也很可能被限制使用了。不过这让它们有一些额外的优势——飞机更轻，盘旋性能更好。Ta 152H 没有真正执行过设计预定的任务——去截击高空飞行的轰炸机和侦察机，不过部分飞行员进行过高空飞行。其中雷斯基也飞到过 12500 米高度，以检测 Ta 152H 在这种高度的操纵性。

总的来说，虽然只有少数飞机交付，它们还是给飞行员们留下了良好印象。对 Ta 152 机动性的评价很大程度上是因为该大队以前使用 Fw 190A-8，A-8 型已经是当时盘旋性能最差的战斗机之一，新飞机当然让他们感受到了巨大的性能提升。

但也需要注意其中部分回忆内容不太准确，或多或少的夸大其词，例如根本不存在 2400 马力的 Jumo 213E 发动机，飞机盘旋半径小也是因为大展弦比机翼提供的高升力。战地技术组出具的报告说没有高速俯冲测试，更不用说飞到 1000 公里/时的表速了。飞行员们声称到达的极限高度也缺乏可信度，技术组报告指出这些飞机没有增压座舱，一般飞行员不那么容易飞到试飞员达成的高度，而且标准的气压高度计的误差较大。最后是在 1 月里，Ta 152 也没有与 P-51 交战的记录。

关于这个技术组，是由福克-沃尔夫公司派驻在三大队的人员组成的，他们和大队成员共同度过了换装训练的时期。换装训练同时也是服役测试，技术组在 1945 年 2 月底发布了一份关于第 301 战斗机联队三大队对飞机测试的报告。这份报告与飞行员的回忆相比，显得缺乏感情，但更切实。评估报告详情如下。

作战单位对 Ta 152H-0 的评估

第 301 联队三大队一直给予 Ta 152H-0 最好的评价，是签署人（技术组的马丁先生）见过所有使用福克-沃尔夫飞机的单位里最好的。飞机在盘旋中的操纵性尤其得到称赞。受到的批评则低于一种新型号的预期水平，除了起落架液压系统以外。不过它们不属于重大故障，不会影响眼下前线继续使用飞机。立刻消除这些缺陷是必须的，以最大程度强化战备，大队也在自力解决问题。不过预期在下一批交付的飞机上，这些问题会得到解决，因为必要的修改并不大。预计尽快解决问题之后，大队就不会把抱怨转到高层，而只是描述对飞机有良好的整体印象，附带一些已发现的短处，而且已经和生产商直接合作解决了。需要提到的最重要问题详细见下。

飞行特性

与 Fw 190A-8 相比，Ta 152H-0 的盘旋半径更小，更不容易失速，失速也只在较低空速下发生（约 250 公里/时）。如果飞机失速了，将机头按下，可以在损失 500 至 600 米高度后改出。更大的机翼自然降低了运动性，但这并不是劣势。大队长说他在转弯时开始黑视，而在驾驶 Fw 190 时从来没有发生过。与由一位经验丰富飞行员驾驶的 A-8 型模拟狗斗中，H-0 型在盘旋上轻松取胜，而这位飞行员只驾驶过 2 次 Ta 152。这些飞行特性，到目前为止主要在 0 至 3000 米高度进行了检测。大队长达成的爬升性能是 8 分钟到了 7000 米高度，15 分钟到了 11000 米高度，他甚至还指出没有在最佳爬升空速上爬升。没有进行俯冲测试，或者只在飞行员手册规定安全限速以下的速度飞行过。这种谨慎可归功于雷希林测试中心，他们声称在俯冲表速超过 600 公里/时之后，飞机明显不稳定。雷希林还强调航向和俯仰轴不稳定，是 Ta 152H-0 的重要负面特性，需要在爬升时连续改变配平，在盘旋时保持观察转向和侧倾仪。到目前为止，大队没有抱怨这些问题，也许是因为只进行了空战演练，没有实弹射击飞行，后者需要精确瞄准，可能会展现出飞机的不稳定性，就像雷希林说的那样。

多名飞行员测量了飞机在低空的速度，结果是指示空速与 A-8 相当。

根据指挥官的说法，起降距离非常短，可以使用从空中无法辨认的场地作为战斗机机场。

维护负担

技术军官说 Ta 152 的维护负担比 Fw 190 低，但也必须考虑到现在没有列明注意要点的维护手册，飞机也没有安装增压座舱。另外从高空飞行航时获得的经验尚待评估。

批评

起落架

飞行时，起落架不能及时收起，原因不明。尾轮只能保持在放下状态（收放机构没有正常运转），后来发现尾轮可以正常收起，要求在襟翼放下 20 度的条件下起飞，约 200 公里/时速度下，同时收起尾轮和稍微压下机头（不能有两次收起落架操作）。然而这个方法只是临时的，必须尽快通过可靠的液压系统解决问题。如果有必要的话，系统负荷必须降低，以锁定机轮挡板到放下的位置实现。大队不会愿意因此损失飞机速度。这应该有解决方案，因为之前所述的速度就是在尾轮放下时取得的。

尾轮收放机构的滚轴要通过横梁上的导轨，这个原因无法确证，有几次情况是滚轴可能由于错误的定位卡到了导轨外面，还有两次严重磨损了导轨，在大量操作影响下，可能压出了导轨。

锁定杆的恢复弹簧太弱。尤其是在地面较软的机场运作时，泥土进入密封不完全的滚轴，让收起动作更难进行。恢复弹簧必须加强，作为临时手段，大队额外安装了一根弹簧。

在潮湿机场起降时，大量水、沙、泥进入起落架舱从这里开始，大部分水会通过 MG 151 的炮架进入安装液压管线的翼梁位置，还会流

到 MG 151 武器舱的外侧武器加热管线接头上。有一次降落后又过了大约 15 分钟，还有 40 毫米水量仍留在机内，因为就没有出水孔。这对炮膛是个威胁，对天线耦合器和其他东西来说也是如此。另外，主要是泥土会飞向轴炮，堵塞炮膛，可能引发意外走火。计划安装盖板，例如给 MG 151 套上护管，发动机组件要有护板，这些都必须安装。作为短期措施，大队安装了合适的护板，在炮仓内钻了出水孔（6 毫米）。

与外轴套不同，起落架作动器上方的内轴套没有用紧定螺钉固定。有一次这个轴套掉落，导致起落架动作失败，卡在放下位置。

在所有飞机上，动作器裸露的活塞管部分在几小时后都会有严重的铁锈堆积。必须想办法防锈，可以在活塞出口安装油环或者石墨环，同时涂抹润滑脂。在很多情况下需要日常涂润滑脂，应该列入维护手册。

总共有三次液压油泄漏，都在动作器活塞下安装孔的螺纹上。动作器需要更换。

有两次起落架意外收起，一次发生在发动机启动时，这次是因为没有按照规定先拉起落架操纵杆。现不可能确定到底是谁在换飞行员的短暂间隔时间里把起落架搞到了"收起"位置。另一次情况可能是由于动作器还没有锁定到"展开"位置。检查表明液压开关没有回到中间位置，因此还没有关闭。

机翼

铆钉松动。1945 年 1 月 17 日的第二份报告中已经提到，所有 Ta 152H-0 飞机上的铆钉松动都在机翼前缘下表面，起落架舱的前方。

动力系统

蒸汽泄漏，尤其是在起飞时，结果乙二醇洒在风挡上，因为管线位置不佳。风挡清洗器用的是汽油，无法洗掉乙二醇。冷却管线必须重新布置。

Ta 152H 起落架舱门收放结构近照。

有两次滑油散热器的整流蒙皮在飞行时脱落，撞上螺旋桨。由于被毁零件无法找到，也不能确定是支架损坏还是螺栓固定不牢。

压缩空气系统

因为橡胶材质质量低劣，在紧急起落架动作或者多数漏气情况（即向外侧附件漏气）之后，无法通过阀门给气瓶加气。部分情况里，卡在阀门上的橡胶又硬又多孔。

补给状况

到目前为止，第 301 联队三大队在阿特诺的 10 架 Ta 152H-0 测试用机的备件采购没有严重问题。对于备件的要求，一般科特布斯可以满足。但这个来源很快就会枯竭。大队提及的 256 号营地，位于杰钦地区（Děčín，捷克境内），完全没有备件储备。大队还没收到通知，Ta 152 备件已经被转往柏林-滕珀尔霍夫的 288 号营地。除此之外，从运输的角度来说（包括联络员），

柏林不是个理想的基地。诺伊豪森那些已毁飞机能否在紧急情况下用于同型装配（前提是主要组件没有被制定用于生产），已经由科特布斯的管理和制造总监进行了再度讨论。制造总监已经同意大队从诺伊豪森回收必要物资，在提交请求并批准后。

评论

到目前为止，Ta 152H-0 的机翼已经证明更不容易在机腹迫降或者单侧起落架放下的状态降落时损坏。至今的各种降落失误导致机翼触地情况中，尚无机翼损坏现象。

> 1945 年 2 月 19 日，不来梅
> 战地技术组
> 马丁（Martin）

2 月基本过去之后，三大队总算具备了作战能力。据说在训练中的 2 月 21 日，约瑟夫·凯

尔(Josef Keil)军士长于下午 4 点半至 5 点间起飞,在柏林上空声称击落 1 架 B-17 轰炸机,也有记录说这个战绩的日期是 20 日。这个战绩很可能是记录错误,这两天都没有 B-17 轰炸德国北部目标。

第八航空军的 B-17 在这几天的行动包括:20 日轰炸希尔塔赫,该地位于德国西南部靠近瑞士和法国的位置。21 日的轰炸目标是纽伦堡,仍然位于德国南部。22 日则是一次联合作战行动,第 8、9、15 航空军和皇家空军分散轰炸了德国铁路系统,其中 522 架 B-17 轰炸了德国南部的铁路目标,另外 454 架轰炸德国北部目标,其中一些目标距离扎豪相当近,但这一队轰炸机没有损失。值得注意的是,这次轰炸的高度

只有 10000 英尺,即 3048 米,以达成最佳的精度。由于天气不好,德国防空炮没有起到作用。而在盟军方面,部分轰炸也是利用 H2X 雷达引导进行的。

约瑟夫·凯尔军士长在 3 月 1 日又有一个声称战绩,这次是早晨 10 点 25 分起飞,遇到了一队 P-51,他声称击落其中 1 架,这次任务持续了 1 小时。美国陆航方面,这天第八航空军再度出动轰炸了德国南部的铁路调车场,预定轰炸 3 个疑似生产喷气发动机的工厂,由于天气原因没有成功。遭到轰炸的地区包括布鲁赫萨尔、海尔布隆、英戈尔施塔特、乌尔姆(Ulm)等,有 7 架 P-51 损失,原因均为高射炮火或机械故障。

第八航空军 3 月 11 日损失情况表			
部队	型号	工厂编号	损失原因
第 78 战斗机大队	P-51	44-11652	乌尔姆任务,卡塞尔空域扫射火车头时被高射炮火击落
第 78 战斗机大队	P-51	44-72178	乌尔姆任务,扫射伯布林根(Böblingen)机场时被高射炮火击落
第 78 战斗机大队	P-51	44-72190	乌尔姆任务,海姆斯海姆(Heimsheim)空域扫射车辆时机翼触地坠毁
第 355 战斗机大队	P-51	44-14230	诺伊堡(Neuburg)空域,追击 Me 262 时被高射炮火击落
第 356 战斗机大队	P-51	44-11156	返航时机械故障导致冷却剂泄漏,在卡尔斯鲁厄(Karlsruhe)空域跳伞
第 364 战斗机大队	P-51	44-14254	低空扫射时遭遇高射炮火,随后坠落在威尔特海姆(Wertheim)地区
第 479 战斗机大队	P-51	44-15374	慕尼黑任务,哈尔登旺(Haldenwang)空域低空扫射时失踪

约瑟夫·凯尔军士长。

3月2日，三大队的 Ta 152 第一次参加截击轰炸机的任务。这次美国轰炸机的目标包括洛伊纳附近的伯伦化工厂，还有马格德堡的坦克工厂、鲁兰的石油设施。最近的马格德堡距离扎豪只有几十公里，这让 Ta 152 能够及时参与拦截行动。

第 301 联队派出了所有可用的飞机，包括三大队的 12 架 Ta 152H，一、二大队的 Fw 190A，四大队的 Bf 109G。Ta 152 编队在起飞后前往哈茨山（Harz）附近的集结点，集结高度为 8000 米。三大队的编队没遇到美国人，却被四大队的 Bf 109 攻击。当时的编队指挥官打破无线电静默，命令保持编队继续爬升，但 Bf 109 还在继续射击，Ta 152 飞行员只得解散编队躲避。

在一片混乱之中，美国陆航的"野马"到场。四大队的飞行员没有注意到"野马"，他们也没有对付美国战斗机的经验，因为这个大队的成员基本来自第 1 轰炸机联队，长期在东线作战。接下来的空战完全是一边倒，四大队损失惨重，13 架 Bf 109G-10 被当场击落，飞行员里有 8 人阵亡、5 人受伤。这次战斗造成的惨重损失导致四大队再也没能恢复战斗力，剩余人员在 4 月初分配到了其他 3 个大队里。此外一大队损失了 3 架飞机，1 人阵亡、2 人失踪，二大队损失了 9 架飞机，8 人阵亡、1 人受伤。

本该是值得纪念的第一次拦截任务，但什么都没有干成，万幸的是没有 Ta 152 损失。其他德国战斗机部队都没有见过 Ta 152H，很容易将它当成某种未知的新型敌机。此外，按照德国空军截击引导流程，每个战斗机部队会分配一个无线电频道，可以与本队里的飞机联络，却不能与其他部队联络。如果要与其他部队联系，必须先报告地面管制，再由地面管制联络其他部队。这种体制显然反应速度太慢，尤其是在紧急情况下。已知参加了这次任务的飞行员包括：赫尔曼·斯塔尔（Hermann stahl）中尉、迪特里希·赖歇（Dietrich Reiche）少尉、泽普·扎特勒（Sepp Sattler）军士长、凯尔军士长、布鲁姆下士，再加上雷斯基。

雷斯基在后来的回忆录中描述了 Ta 152H 的这种状态："在机场上空用 Ta 152 进行练习飞行时，发生了猝不及防的情况，当遇到其他中队的飞机时。这种遭遇经常闹出问题，因为其他德国飞行员几乎不知道 Ta 152 的外观。在这种情况下，对方飞行员的反应各不相同。大部分人立刻开始防御动作，或者表现出进攻意图，还有一些飞行员在遭遇时产生了恐慌情绪，尝试往安全方向逃跑。Ta 152 飞行员需要处理这些情况，一直到战争结束。"

几天后，大队的第二次任务仍然运气不佳，飞到半途，古斯少校的飞机发动机出现故障，雷斯基和布鲁姆护卫着他返回基地。现在情况已经明显，大队很可能不会达到预定编制，由于缺乏飞机，大部分飞行员没办法上天。于是联队命令将所有 Ta 152 交给联队部使用，联队部此时与二大队一起驻扎在施滕达尔，这里的位置是在柏林西面约 100 公里。3 月 4 日，在部队重组时又损失了 1 架飞机，乔尼·威格肖夫（Jonny Wiegeshoff）准尉在进场降落时失速坠落，当场身亡。雷斯基后来描述："靠近机场时，飞机看起来飞得更慢了。显然它的飞行速度过低，但它还是在机场边缘再度拉起，然后像一块石头掉了下来。很可能是桨距控制系统故障，让

迪特里希·佩尔茨在 3 月 14 日参观第 301 联队时拍摄的照片。从左至右分别为联队长弗里茨·奥夫海默（Fritz Auffhammer）、佩尔茨、大队长赫伯特·诺尔特（Herbert Nolter）。

螺旋桨处于顺桨状态。"

3 月 13 日，又来了一道措辞强硬的命令，

要求把剩下的 Ta 152H 交给联队部。于是在下午 4 时 10 分，雷斯基起飞，15 分钟后抵达施滕达尔。第二天，迪特里希·佩尔茨（Dietrich Peltz）少将带领的高级代表团访问了第 301 联队，此时佩尔茨负责统

佩尔茨正在爬进"黑 13"号的座舱。

领帝国防空作战，他甚至亲自试飞了雷斯基的 Ta 152H"黑 13"号。

14 日下午，雷斯基又从施滕达尔起飞，去拦截一架蚊式。英国飞机此时已经完成了侦察任务，正在超过 9000 米的高空返航航线上飞行。雷斯基爬升上去，试图咬住蚊式尾巴，成功之后用无线电报告准备攻击。蚊式已经被他套进了瞄准光环，但 Ta 152 突然抖动起来，还伴随减速的现象，似乎增压三速出了故障。接下来英国飞机一溜烟跑了，雷斯基只得收油门

第 301 联队的 Ta 152 遗存照片不多，这是其中之一，摄于 3 月 16 日。左侧飞机是 150007 号，方向舵已经消失。右侧的"白 16"号是 Fw 190D。

返回基地降落。

联队部集中 Ta 152 的时候，三大队重新装备了 Fw 190A-9 型，返回作战序列。14 日，古斯少校被调到哈格诺（Hagenow）去指挥一个空军野战营，继任者是格哈德·帕塞尔曼（Gerhard Passelmann）上尉。从现在开始，联队部和二大队联合出动执行任务，在起降时给二大队提供掩护。Ta 152H 会与机场高炮协同，以双机小队起飞，保护机场不被盟军战斗机和战斗轰炸机攻击。现在联队部的飞行员包括：联队长奥夫海默中校、斯塔尔中尉、凯尔军士长、雷斯基军士长、布鲁姆下士。这段时期里，二大队损失了 1 架 Fw 190D-9，该机在降落时被 P-47 击落。

对于这一小队 Ta 152 飞行员来说，这是个困难的时期，盟军战斗机从四面八方逼近，数量稀少的 Ta 152 捉襟见肘。不过 Ta 152 也有一些可利用的优势，让他们有办法应对盟军战斗机。

几天之后的 3 月 22 日，奥夫海默爬进他的座机，准备飞往雷希林测试中心。德国空军早已丢掉制空权，高射炮手们习惯向各种看起来不顺眼的飞机开火。Ta 152 面临着同样的问题，奥夫海默此前已经下令将他自用的测试机涂成橙红色，盖过了迷彩、螺旋桨毂、后机身识别带，只留下了国籍标志，以免遭到友军高炮射击。

联队技术军官罗德里希·塞斯科蒂（Roderich Cescotti）上尉驾驶"绿 1"号机起飞护航，这是 1 架 Fw 190D-9 型。他们此行的目的之一是把 Ta 152 送过去调整，更重要的是与福克-沃尔夫的技术人员讨论导致交付推迟的原因。听过了一个又一个理由之后，奥夫海默带着懊恼怒吼："我不想听你们的问题，去你的！我现在就要这些飞机！"当然，奥夫海默的愤怒起不到什么作

用，此时生产线早已完蛋，他无论如何也拿不到飞机。最后，奥夫海默和塞斯科蒂只能在这天晚些时候飞回驻地。

3 月 25 日，三大队的一些飞行员转场到朗根哈根机场，几个人驾驶 Ta 152，其余人驾驶 Fw 190，这其中包括见习军官路德维希·布拉希特（Ludwig Bracht）。布拉希特后来回忆说：

大陆（Continental AG，马牌轮胎的母公司）正在熊熊燃烧，浓烟上升到 1500 米高度。我穿了过去，烟雾如此浓厚，座舱里所有东西都变暗了。

在我们降落前，朗根哈根遭到一次地毯式轰炸——满是坑洞和刚填平的弹坑。几架 Ta 152 在降落时坠毁，2 名飞行员身亡。大队长格哈德·帕塞尔曼上尉把他的"白 13"号 Fw 190 起落架扯掉了。我们会从这里起飞在西线作战，虽然只有联队部还有 Ta 152 了。

关于他所说的有飞机坠毁这个情况，现在已无法考证。至少他们在公司机场发现了似乎是新完工的 Ta 152，而且好像也没人看管。于是立刻重新涂装了飞机，准备开始使用它们。此外还发现了一些没有发动机的 Ta 152 和 1 架 Ta 154。因为当前的补给状况几近绝望，三大队把这些飞机上可以用来替换的部件全都拆走了。此时福克-沃尔夫公司已经崩溃，这些 Ta 152 的身份也无法确定。鉴于朗根哈根不是 Ta 152 生产线，只是测试中心，在这里的飞机很可能是原型机中的某几架。

奥夫海默仍然在寻求可用的飞机，到了 4 月 7 日，联队部收到消息说埃尔福特北机场上有 2 架完成的 Ta 152 等待接收。于是在 8 日早晨，雷斯基和布鲁姆驾驶 1 架 Ar 96 前往埃尔福特。雷斯基说到这次大胆的行动："我们都知

道，敌军战斗轰炸机在越来越小的德国领土上四处飞舞，我们从尽量低的高度飞往埃尔福特，利用一切低地。降落之后，我们直接将 Ar 96 开进 Ta 152 背后的机库。为了尽快带走飞机，我们将 Ar 96 留在了机库里。两架 Ta 152 都加满了汽油，还有全部武器，只是缺乏弹药。这也意味着不带弹药起飞。当飞机滑行到跑道上时，防空警报响了起来，给美国装甲部队当先锋的战斗轰炸机正在靠近。虽然我们的飞机速度相当快，但没有弹药只会让我们无法有效自卫。还好结果不错，我们都安全在施滕达尔降落。联队部现在又有了两架可用的 Ta 152H-1。"

雷斯基的说法比较奇怪，埃尔福特并未生产 H-1 型，只有 C 型和侦察机的计划，在这里的 H-1 型是量产样本机，很可能带走的就是它们。

埃尔福特在 4 月 10 日被美军占领，现在也已经无法确定留在这里的 Ta 152 型号和工厂编号，那架 Ar 96 也被丢在那里。不过带回的这 2 架飞机使得联队部又有了 8 架 Ta 152。

10 日正好也是第 301 联队开始更换基地的日子，由于地面战线变化，第 301 联队的 3 个大队全部离开现在的驻地，转往诺伊施塔特-格莱沃、路德维希卢斯特（Ludwigslust）、哈格诺这几个机场。新机场的位置更靠北，远离了柏林。二大队和联队部最先转移，地勤在夜间坐车撤离，飞机在黎明时分起飞撤退，就在美国坦克抵达机场附近之前没多久。其他两个大队几天后才转移，接着原有基地便被占领。

二大队和联队部刚降落，就接到了新任务，要回去攻击占领了施滕达尔的美国装甲部队。负责掩护的 Ta 152H 遇到了美国战斗机，他们遭遇了大约 15 架 P-47，但这次美国人没有回头迎战，而是匆匆撤退。在追击时，凯尔军士长声称击落 1 架 P-47。

美国陆航方面，在这天第八航空军轰炸了多个怀疑是喷气战斗机基地的德国机场。美国人的报告是大约 60 架喷气战斗机和少量常规战斗机前来拦截，损失了 19 架轰炸机和 8 架战斗机。轰炸奥拉尼恩堡的编队损失了 4 架 P-51。轰炸新鲁平和施滕达尔的编队损失了 1 架 P-51。轰炸勃兰登堡的编队损失了 1 架 P-51。最后是 30 架进行侦察行动的 P-51 损失了 1 架。第 56 大队的 P-47 进行了自由扫荡，声称击落 2 架敌机，自己无损失。至少可以确定的第八航空军没有 P-47 损失，凯尔可能认错了型号，如果他确实击落了一架战斗机的话。

联队部从诺伊施塔特-格莱沃起飞执行了最后一段时期的任务，雷斯基说："诺伊施塔特-格莱沃是个好选择，机场周围环绕着双管轻型防空炮，在起降时给我们提供必要的保护。还能阻止'黑客'，指那些敌军战斗轰炸机，从低空偷袭机场。"

布鲁姆下士在 13 日有一次惊险的遭遇。在降落时，他没有注意到背后有一架"喷火"跟随。两架飞机互不干扰地飞行了一会，让机场炮手以为是个德国的双机组将要降落。等到"喷火"也飞到了跑道上空，他们才意识到这不是德国飞机，于是所有枪炮都对着它开火。那架"喷火"可能被打中操纵面，做了一个半滚倒转，坠毁在机场上。

很快，联队部在诺伊施塔特-格莱沃迎来了第一个损失，这也是 Ta 152H 最著名的一场空战。这场空战在多本著作中，从不同人物的角度，以不同的说法进行了描写。

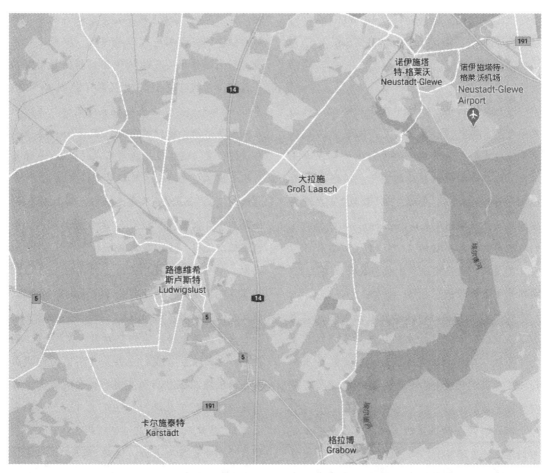

今日谷歌地图上的路德维希卢斯特地区，东北方的机场标志就是伊施塔特-格莱沃机场。

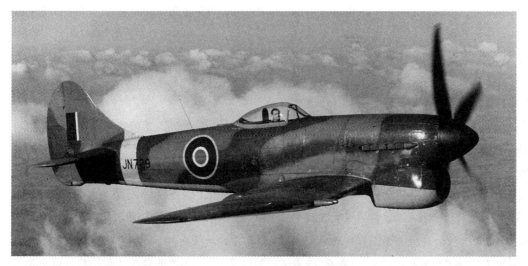

霍克"暴风"V 战斗机，机头下方的大型散热器是其最明显的外观特征。

维尔·雷斯基编写的《第 301/302 联队"野猪"（Jagdgeschwader 301/302 "Wilde Sau"）》一书中，他这样描述道：

在机场周围区域，敌军战斗轰炸机的攻击更频繁了，其中"暴风"最多见。从诺伊施塔特-格莱沃，我们可以看见他们像老鹰一样在天上飘荡，准备扑向任何移动的东西。1945 年 4 月 14 日下午晚些时候，发现 2 架"暴风"正在攻击路德维希卢斯特到什末林（Schwerin）的铁路，他们从距离机场几公里的地方飞过。立刻有 3 架 Ta 152 起飞，由奥夫海默中校、扎特勒军士长、雷斯基军士长驾驶。

我们的起飞方向和铁路线大致相同，起飞后很快就抵达"暴风"攻击的地区。我是编队里的 3 号机，当我们抵达战区时，看见扎特勒的 Ta 152 原因不明地坠落。现在变成了 2 对 2，低空空战开始了。

"暴风"是一种很快的飞机，英国佬可以用它们追上并击落 V-1。不过在这次战斗里，速度不太重要，而飞机在低空的机动性更重要。当我靠近时，我的对手从低空攻击中拉起，我就左转开始攻击。

两名飞行员都意识到了这是一场你死我活的战斗，从一开始就用上了所有战术和飞行策略，以此来取得优势。在这个高度上，谁都不能犯下错误，这也是我第一次发现 Ta 152 能做到什么。扭转盘旋，从未离地超过 50 米高度，我靠近了"暴风"。我从没有飞机到达性能极限的感觉。"暴风"飞行员很明白他必须进行危险的机动，以避开来自我枪口的致命点射。当我的 Ta 152 靠近"暴风"，我看见它在反向滚转的边缘：这表示它没法转得更急了。我的第一个点射打中了"暴风"后机身和机尾，"暴风"飞行员立刻翻转飞机向右转向，这进一步增加了我

的优势。现在"暴风"跑不掉了。我再次按下机炮按钮，但我的机炮却保持沉默。重新上膛没有起到任何作用：我的机炮仍然拒绝发射哪怕一枚炮弹。我记不清当时咒骂了谁或者什么。幸好"暴风"飞行员没有发现我的霉运，因为他已经有了体验。他继续转向，我将 Ta 152 飞到合适的位置，这样他总能看见我的机腹（意味着已经拉出了射击所需的前置量，译者注）。终于时候到了，"暴风"进入失速状态：它向左滚转，坠落到一片树林里。这场空战当然很特别，全程在低空进行，经常距离树顶和屋顶只有 10 米高度。整个过程中我从未感受到我的 Ta 152 飞到了性能极限，它甚至回应了我最微小的操纵，即使我们实际上在地面高度飞行。

奥夫海默中校也占据了对另一架"暴风"的优势，但敌人最后成功向西逃走。因为空战就在距离机场几公里的位置进行，傍晚我们开车到战场，找到了扎特勒军士长的 Ta 152，和我击落的"暴风"，坠落点相距不到 500 米。树顶吸收了部分坠落冲击力，这架"暴风"看起来像是刚进行了迫降。

我的炮弹造成的损伤在机尾和后机身上明显可见，飞行员仍然在座舱里。结果他是个新西兰人，O. J. 米切尔（O. J. Mitchell），第 486 中队，皇家空军。第二天，两名阵亡的飞行员按照军事礼节被安葬在诺伊施塔特-格莱沃公墓。

很长一段时间，那晚扎特勒军士长坠机事件徘徊在飞行员和很多在机场上目睹空战的人们的脑海中。扎特勒坠落时，空战还没开始，两名"暴风"飞行员仍忙于在低空攻击铁路线，不可能对 Ta 152 造成任何威胁。而且他是个经验丰富的老狐狸，不可能把自己放到一个不利的位置。我们无法解释他为何坠机，这会是永远的秘密，这是第 3 架坠毁的 Ta 152，全都没法

解释。

雷斯基和他的著作影响力比较大，以上这段内容可大致认为是最广为流传的说法，但飞行员的回忆经常是不准确的，雷斯基也不例外。其他来源的资料和说法可以确证空战全程并非与雷斯基的回忆完全相同。

第301联队的技术军官，在地面目击了空战的罗德里希·塞斯科蒂的报告如下：

联队指挥小队和4架Ta 152H-1在警戒状态，他们紧急起飞去拦截4架靠近的"暴风"。

其中3架Ta 152在起飞后卷入了狗斗，在地面和4000米高度之间发生——尽管有4∶3的优势，没有任何证据表明"暴风"有优势。

第4架由扎特勒军士长驾驶的Ta 152遇到了启动器故障，在带头小队几分钟后才起飞，小队由弗里茨·奥夫海默中校带领。

他爬升到狗斗区域上空，俯冲参战。

扎特勒军士长将1架"暴风"打出了盘旋狗斗，但从约2000米高度继续俯冲并坠地——没有证据表明尝试过改出。

另一架Ta 152，由维尔·雷斯基下士驾驶，与1架"暴风"转圈。两者都靠近地面。雷斯基靠到开火距离，但无法射击，因为武器无法击发。突然，"暴风"翻转并坠地。

现在战况是3∶2，有利于Ta 152，剩下的2架"暴风"选择逃跑。

我们的指挥官参加了中高空的狗斗，尽管他富有经验，但没能击落敌机。

在他降落后，情况查明了，他一直在增压器低速挡飞行。

自动切速装置故障，让奥夫海默中校以较低功率飞行。尽管有这个限制，Ta 152仍然证明了在任何情况下至少与"暴风"相当。

塞斯科蒂的报告也有些奇怪的地方，例如其他人都无法确证的Ta 152H-1型飞机。但他明确了有4架"暴风"参战，而不是2架。最重要的一点是扎特勒军士长的情况，也是与雷斯基说词差距最大的地方。扎特勒并未在空战开始前莫名坠机，而是最后才参加空战，在空战中坠落。另外也有不同的说法，声称塞斯科蒂认为扎特勒在俯冲时遇到了压缩效应，无法改出而坠机。现在无法查证这个说法的来源，然而由于空战高度很低，音速比较高，相对慢速的活塞飞机发生这种事是基本不可能的。

他们的对手，皇家空军方面的报告是这样的：

个人报告

S. J. 肖特的报告：

我驾驶"粉3"号机在佩勒贝格（Perleberg）-路德维希卢斯特地区进行武装侦察。和僚机米切尔准尉一起攻击路德维希卢斯特北面目标，拉起时看见了2架Me 109在100英尺高度，另外4架109在约3000英尺高度。那2架109从我们左侧后方攻击。我呼叫并提醒僚机，指示他扔掉副油箱。我向左急转，但没法咬住那架开始和我转圈的109尾巴。然后开始了一场爬升转圈比赛，3圈之后，我到了能给109一个点射的位置，以大约45度偏角。那架109飞了过去，我看见座舱后有4次命中。我没法继续观察，因为另一架109咬住了我的尾巴，准备攻击。我最后一次看见僚机是在6000英尺高度，当时我看见他在地面高度和一些109转圈。

使用了照相枪

我声称击伤1架Me 109

W. J. 肖的报告：

我驾驶"粉2"号，在俯冲攻击路德维希卢斯特东面约 10 英里处路上目标时，我发现 1 架单独的 Fw 190 在东边的地面高度直飞。我向"粉色 1"号报告，他命令我跟着他去攻击。我们还在射程外时，这架 190 就开始躲避，因为我发现长机无法攻击，就扔下副油箱并爬升高度。当敌机向东直飞时，我朝它俯冲下去——飞过了我的长机。这次 190 机动得很晚，再次向左，我可以拉机头直到它消失在机头下。这是一次大偏角射击，当我判断有了 2 个瞄准圈的偏角时，我向它开火了。我打了个长点射，然后向上改出观察结果。当 190 再次出现时，我看见座舱前面有命中造成的火光。过了一会儿，火焰从飞机左侧冒出，然后包围了整个飞机，这架 190 平缓地向地面俯冲。我看见它坠毁在地上爆炸了。

使用了照相枪

我声称击落 1 架 Fw 190

在《第二战术航空军（2nd Tactical Air Force)》一书中，作者从另一个角度概述了这次战斗：

布鲁克中校（Brooker，第 122 联队队长）和中队的 3 名飞行员再次攻击了一些铁路目标，但分散了。在 19 时 30 分，和布鲁克一起飞行的 W. J. 肖准尉看见了 1 架单飞的战斗机，似乎是 1 架 Fw 190，在短暂的战斗过后将其打燃坠落。与此同时另一组双机在集中扫射时，被另外 3 架战斗机缠住，O. J. 米切尔准尉，新来中队的一名飞行员，被击落阵亡。据报告说他的对手可能是 1 架 Bf 109E——一种过时型号。J. 肖特中尉与另一架飞机空战，也将其识别为一架"梅塞施密特"，声称将其击伤。他们的对手驾驶的显然不是 Bf 109E，而是更为新奇的战斗机。这些新西兰人与 3 名 301 联队队部的飞行员交战，

这个单位最近刚装备了福克-沃尔夫的最初批次 Ta 152，这是 Fw 190 发展线上参加了战斗的最终型号。其中，维尔·雷斯基军士长击落了米切尔的"暴风"，时间是 19 时 20 分，这是他的第 25 个战绩。但另一架战斗机，泽普·扎特勒军士长被击落身亡——几乎肯定是肖的战绩。

战争结束后，一名名叫伊恩·布罗迪的新西兰记者收集资料并撰文《最好的两人》，描绘了当时的空战情况：

时间是 1945 年 4 月 14 日，与德国的战争快速迈向尾声。一名来自纳尔逊（Nelson）的年轻新西兰人欧文·米切尔准尉，发现他处在痛苦垂死国家的中心。

作为一名优秀的板球运动员和富有天赋的音乐家，米切尔于 1942 年直接从他学习工程学的大学参加皇家新西兰空军。在他 20 岁的时候，这名年轻飞行员转到了英格兰，在这里受训后，他开始作为教官在各个作战训练单位累积飞行时间。

到了 1945 年初，米切尔名下有了超过 700 小时飞行记录，开始转飞皇家空军最新的战斗机——霍克"暴风"V。下一步是作战飞行，这让他很高兴。在 3 月初，他被派往第 486 中队（新西兰），基地是荷兰的沃尔克尔（Volkel）。这个中队在前线驻扎，日常与效率仍高的德国空军遭遇，还有猛烈的防空火力。

4 月初，中队进入德国，利用德国人在霍普斯滕（Hopsten）的基地，袭扰空中和地面的敌军。

在诺伊施塔特-格莱沃的德国基地里，扎特勒军士长也对他的新岗位很高兴——德国空军精英单位，联队部（JG 301）小队。他们飞最新的德国战斗机，Fw 190 系列的终极型号——Ta 152。

14 日傍晚 6 点 25 分，米切尔和中队的 3 名飞行员起飞进行武装侦察。小队攻击了路德维希卢斯特北面的一列火车，然后分散了。队长和他的僚机命令希德·肖特和欧文·米切尔自行返航。

肖特和米切尔在返航途中忙于沿着铁路扫射目标，暴露在诺伊施塔特-格莱沃基地警惕的目光下，基地立刻派出 3 架 Ta 152 前来拦截。飞行员是奥夫海默、扎特勒、雷斯基，他们很快便出现在战场。

雷斯基讲述了这个故事："我飞 3 号机，看见扎特勒在我前面坠地，就在遇见他们之前几秒钟。看起来坠毁不可能是敌人行动所致。"

雷斯基并不知道新西兰人肖特在被奥夫海默攻击之前，成功向扎特勒进行了一次快速射击。现在敌我开始了一场转圈比赛，时间持续了很久。没人能获得优势，在 15 分钟后两名飞行员脱离并返回各自基地——很高兴活着飞回了家。

与此同时，雷斯基和米切尔也在进行致命的空战："现在变成了 2 对 2，低空空战开始了……它向左滚转，坠落到一片树林里。"

年轻的新西兰人立刻身亡，在命运的捉弄下，他的飞机坠毁在距离德国飞行员扎特勒的飞机不到 500 米的位置。德国空军技术人员在晚上回收了 2 名飞行员的遗体。

第二天米切尔和扎特勒以全副军事礼仪一起下葬在诺伊施塔特-格莱沃的公墓里。在葬礼中，维尔·雷斯基军士长作为仪仗队站在棺材前。

这个故事到了结束的时候，让两位默默无闻的飞行员——都驾驶着可以说他们国家最先进的活塞战斗机，在西欧的天空中战斗——代表双方成千上万已经离去的人们。

根据英方资料和战绩声称记录，战后有研究者认为扎特勒军士长被英军的肖准尉击落。实际上，后者的报告和德军记录相差甚远：肖只看到一架"Fw 190"，没有报告发现其他德军战斗机；德方来自空中和地面的 2 份目击报告都表示扎特勒军士长的座机无故坠毁，完全没有遭受英军战机追击的记录。

这几个不同来源的说法，由于观察角度不同而有差异。参加空战的雷斯基只发现了 2 架"暴风"，他并不知道第 486 中队的 4 架飞机已经分散成 2 个双机组。皇家空军的飞行员都没有见过 Ta 152，他们既没有识别出型号，也没有认对数量。但他们确实是 4 架飞机的小队，这样就确定了参加空战的飞机数量是 4:4。

基于以上这些原始记录，当时的真实战况极有可能如下文所示：傍晚时分，4 架"暴风"从 B-112 号前进机场起飞，前往路德维希卢斯特，在这里分成两个双机组攻击铁路目标。空战开始时，布鲁克和肖位于路德维希卢斯特东南方，大致在路德维希卢斯特和格拉博之间。而肖特和米切尔位于北方，靠近诺伊施塔特-格莱沃机场，正在向南飞行。

联队部的 3 架 Ta 152——奥夫海默中校、雷斯基军士长和 1 名不知名的德国飞行员——起飞直接前往拦截肖特和米切尔，这 2 架"暴风"距离他们最近，也就是雷斯基发现的 2 架飞机。肖特所说的敌机从左后方攻击，即从东北方飞来的 Ta 152 小队。

在地面观察的塞斯科蒂对全局有更好的认识，但他在几公里外的远处观战，很难识别敌我，无法完全保证他认为的战况与实际相同，而且很可能掺入了从其他飞行员那里听来的空战过程，尤其是其中关于雷斯基的部分和飞机型号——他在地面观战，几乎没有可能看见几公里外树梢高度的狗斗，也不可能认出那些飞

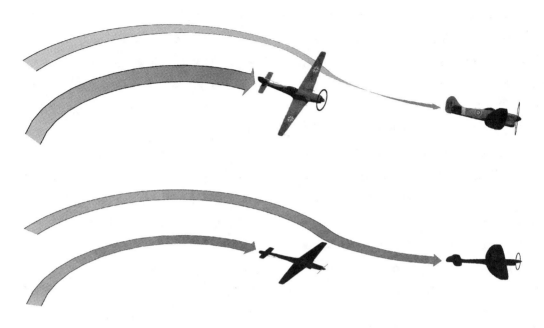

雷斯基的 Ta 152 和米切尔的"暴风"对决的最后一刻。（见彩插）

机是"暴风"。不过作为技术军官，他确认了第四架 Ta 152——扎特勒下士最后起飞，这点是比较可信的。而且他在地面看着最后一架飞机起飞，并且持续关注着这架飞机也是合理的。在这种情况下，可以认为雷斯基的模糊描述有问题，扎特勒应当在空战后期坠落。

那么基本可确定，先头的 3 架 Ta 152 与 2 架"暴风"实际上最先交火，奥夫海默和不知名德国飞行员对阵肖特，他们开始螺旋爬升，都试图抢到高度优势。后起飞的扎特勒看见面前有飞机在爬升对战，他采取了更合理的行动，即跟着爬上去协助友机，而不是向敌情不明的方向平飞。肖特攻击奥夫海默，但没有成果，他被另一架 Ta 152 威胁，便俯冲脱离空战区域撤退。这架 Ta 152 有两种可能性：应当掩护长官的不知名飞行员，或者爬升上来、从比较高位置开始发动攻击的扎特勒。这印证了塞斯科蒂的说词，有一架"暴风"被打出狗斗，即肖特俯冲撤退的情况。

接下来就是最不可思议的环节，扎特勒坠机身亡。此时，这场混战的两架"暴风"之中，肖特没有处在攻击阵位上，相反他正遭受德国飞机的进攻，而同时米切尔正在陷入和雷斯基苦斗。因而，实际上当时没有任何一架英国战斗机能够威胁到扎特勒。据此分析，他的座机极有可能发生机械故障，不过，很难想象有什么突发故障能让该机毫无征兆坠毁。就目前掌握的资料来看，至少 Jumo 213 发动机直接停机的可能性较小，该机极有可能出现某些意想不到的问题或者故障，例如发动机废气泄漏到座舱里，导致扎特勒昏迷。

此外，不排除最后一种可能：扎特勒军士长遭到队友，即那位不知名的德军飞行员误击，此人如果看见了最后这架姗姗来迟的 Ta 152 加入战团、咬住肖特的"暴风"，亦有可能将其误认为前来增援的英军战斗机而一举击落。不过，由于战争后期的混乱和动荡，德国空军方面没有照相枪视频等关键性资料留存，扎特勒军士

柏林上空的 IL-2 编队，这是德国空军的最后一个战场。

长的损失原因仅能基本确定与"暴风"无关，其具体细节尚待进一步考证。

在扎特勒军士长座机坠毁的同时，雷斯基单独对阵米切尔，随后在低空缠斗中将其击落。在空战中途的某个时间点，雷斯基看见扎特勒坠机。因为当时他的飞行高度很低，从低空的角度必然无法辨别扎特勒坠落的原因。

最终，另外两名"暴风"飞行员——布鲁克和肖很可能没有发现距离他们有一定距离的中低空空战，在战斗进行时就离开了当前空域。这场空战以双方各损失 1 架飞机的结果收场，而肖究竟在低空高度击落了什么飞机，目前仍有待考察。

4 月 16 日，柏林战役拉开序幕，联队部的 Ta 152H 和其他德国空军残余部队参加了这场最终战役。苏联空军方面，按照盟军头号王牌伊万·阔日杜布的说法，他在这场战役中遇到了 Ta 152。那是在 4 月 17 日，阔日杜布拿到他最后两个战绩的日子。又是一个黄昏，太阳即将落山，阔日杜布和他的僚机德米特里·蒂托连科（Dmitri Titorenko）驾驶 La-7 战斗机起飞了。他们向西飞去，血红色的阳光穿过烟幕，机翼下的大地似乎在燃烧。

在城区西北方，两架拉沃契金战斗机懒洋洋地盘旋着，两人则在搜索地平线上可能出现的德国飞机。他们两人今天还没遇到敌机，阔日杜布预感德国战斗轰炸机会在傍晚出动，这样能避开白天的俄国战斗机。阔日杜布猜对了，几分钟之后，西边的天空中出现了一片黑点。随着黑点迅速扩大，他们认出这是 Fw 190 和 Ta 152 的混合编队，前者带着炸弹，后者是护航机。

德国编队大约有 40 架飞机，对于阔日杜布来说也太多了。不过上空不远处有一些碎云，

Yak-9D 编队，作为一种在 1942 年研制，年末至次年初开始生产的飞机，此时已经比较落后，但装备数量仍比较大。由于各种型号 Yak 外观类似，很难在空战中分辨，联队部的 Ta 152 到底在与什么型号作战是难以确定的。

"白 27"号，即阔日杜布座机涂装式样的 La-7 战斗机。作为典型的苏联低空战斗机，在 2000 米以下高度飞行性能优于 Ta 152H-1。

两人朝着云层爬升过去。而后德国编队从他们下方飞过，他们一边跟踪一边用无线电警告基地。阔日杜布不知道德国人是否发现了他们，如果他们发现了，也没有对拉沃契金战斗机采取行动。

仔细研究了德国编队之后，阔日杜布定下主意，他要豪赌一场，开始进攻。高度-速度-机动-火力，波克雷什金公式闪过脑海。他现在有高度和速度，但数量仍极为不利。他给了僚机一个简短命令，两架 La-7 动力全开，向上方的福克-沃尔夫小队俯冲。1 架 Fw 190 出现在阔日杜布的瞄准具中，他抵到极近距离开火，德国战斗机爆炸了，残骸掉到下方的残垣断壁中，升起一根烟柱。发现受到攻击后，德国编队四散分开，阔日杜布双机则继续俯冲，穿过对手飞向底层小队。阔日杜布再度开火，又一架 Fw 190 被打掉出了碎片。此时，他眼角余光看见 1 架 Ta 152 正在急转，与他平齐。这一瞬间，阔日杜布本能地意识到德国飞行员想撞上来，而他已经没有时间躲避了。突然，这架 Ta 152 四分五裂，在碎片云中掉了下去——僚机蒂托连科打了个准确的点射。

现在德国编队处于混乱之中，德国飞行员显然以为遭到更强的苏联战斗机编队截击，丢下炸弹沿来路逃走了。只剩一个顽固派，全速向俄军战线冲去，背后是两架穷追不舍的 La-7。到了俄军战线上空，Fw 190 飞行员朝着他选择的目标俯冲投弹，然后拉起飞机爬升。他飞进了阔日杜布的弹幕，一侧机翼被打断，继续朝上冲了一会儿，最后疯狂地滚转着坠地。这是阔日杜布的最后一架战绩，他没有打到战争结束，在德国投降的几天前被调回莫斯科。

按照现有记录，无法证实 17 日有 Ta 152 损失。苏联空军飞行员是否知晓 Ta 152 的存在也是一个问题，因为 Ta 152 甚至在德国空军中都不为人知。所以蒂托连科的战绩很难确证，他更可能击落了 1 架 Fw 190A 或者 D，这个故事中的 Ta 152 型号可能是后来加上去的。

4 月 20 日，在战争即将结束时，瓦尔特·鲁斯（Walter Loos）和维尔·雷斯基获得了骑士十字勋章。第二天，二大队轰炸了柏林南面的俄军，联队部仍然负责掩护。在返航时，他们遇到了一些苏联战斗机，凯尔军士长声称击落 2 架 Yak-9。

下一次空战是 24 日，雷斯基对他生涯里的最后一次空战记录得很生动：

1945 年 4 月 24 日，第 301 联队最后一次以完整阵容起飞，任务是轰炸扫射位于柏林南面措森（Zossen）的苏联阵地。早晨 8 点，二大队和联队部从诺伊施塔特-格莱沃起飞，大致同样时间，一、三大队从哈格诺起飞。所有飞机加到一起，只有一个大队的实力，大部分中队只有 1 个小队。

那天早上，联队部起飞的是 1 个双机编队和 1 个三机编队。与往常一样，在二大队起飞时已经升空了，以阻止起飞时可能发生的敌袭，并在飞行时掩护他们。双机编队飞行员是斯塔尔中尉和我，三机编队飞行员是鲁斯军士长、凯尔军士长、布鲁姆下士。那天云底高度只有1500 米，实际上这使得联队部不可能保护编队里其他飞机。基于此，三机编队在机群右边飞行，双机编队在机群左边。靠近目标的路上无事发生，然后，没人知道前线在哪，飞行员们全靠敌军曳光弹引导。这不是很困难，因为苏联炮弹的曳光是红色的，和我们的把天空染成黄色截然不同——飞行员们对此印象深刻。

目标上空的天气并不比来时路上更好，使70 架飞机，以及第 301 联队攻击的条件并不完美。在措森周围遍布森林和湖泊的地形上，分辨出友军和敌军战线是不可能的，结果每个飞行员都只能自行其是，攻击他看到的合适目标。很难说轰炸起了效果，不过扫射很有作用。这一块前线的天空中没有苏联战斗机，可以毫无阻碍地进行对地攻击。

在这次任务的简报上，Ta 152 飞行员接受了一项特别任务，在其他大队攻击措森时进行侦察。这是为了确定柏林周围前线的情况，决定让三机组在返回时飞往柏林南面，双机则飞往柏林北面。最后一架飞机完成对地攻击后，联队部分成双机和三机，按照之前的预定飞向不同的返航航线。

斯塔尔中尉和我飞过克尼格思-伍斯特豪森（Königs-Wusterhausen，位于措森东北约 15 公里）的无线电天线，沿着柏林东面转圈，然后转回诺伊施塔特-格莱沃。飞到埃尔克纳（Erkner）和克尼格思-伍斯特豪森之间的湖面上时，我们遇到了俄国人的红色曳光弹，这是他们已经非常靠近柏林的信号。我们两人互相距离大概 200 米，此时云底高度仍然在 1500 米左右，有些云层更低。在某个时刻，我注意到了俄国战斗机从右边穿过我们的航线。我立刻发现在右后方的苏联人要攻击斯塔尔的飞机。我用无线电通知斯塔尔，警告他战斗机在靠近，然后转向他们。在那个瞬间，斯塔尔的反应把我吓到了——他没有进行防御机动，只是稍微俯冲增

加了一点速度。尽管我再次警告并建议他逃进云层，第一串红色曳光弹掠过了他的 Ta 152，他还是没有反应，只是继续直飞，稍微俯冲一点。

我在 1 架 Yak-9 后面占据了不错的射击位置，然后一串曳光弹也掠过了我的飞机。我太关心斯塔尔的紧急状况，以至于没有注意到我自己也陷入了同样态势。我立刻俯冲并向左急转，以甩掉尾巴后面的 4 架 Yak-9。之前我一直跟在斯塔尔后面飞行，现在不行了，在第一个急转里，苏联人跟上了我的节奏。由于我从来没在空战中遭遇过苏联战斗机，我不清楚他们的战术，但无论如何我可以利用低云逃跑。苏联人仍然保持着紧密的"V"字编队，所以他们一开始就不能像我这样做猛烈的机动。很快我转到了他们背后，与之前一会儿完全不同了。这再次证明了 Ta 152 完美的机动性。在 4 号机被我准确的火力打中坠落之后，俄国编队才散开，每个人都想靠一己之力把我干掉。但老实说，只有一个人有足够意愿这样干，另外两个只想脱离战场。那可能是编队长机的 Yak-9，在性能上远差于 Ta 152，现在独自一人，在吃了几发炮弹之后，不得不停止战斗，他机尾后的烟雾越来越浓。我们空战的位置是在埃克内尔北面，朝向诺伊哈根（在埃尔克内尔北北西约 11 公里）的方向。

雷斯基座机"绿色 9"号涂装式样。（见彩插）

在空战中我和斯塔尔失去了联络，于是我在无线电里不停的呼叫他。不幸的是，我没有得到任何回应，看到下面柏林周围的无数火光，我也没法辨别地上的哪根烟柱是坠落的飞机。

赫尔曼·斯塔尔没有从作战任务中返回，被列为失踪人员。战后的搜索没有任何结果，他的命运之谜无法破解了。在 1945 年 4 月 24 日柏林上空的空战里，联队部击落了 4 架 Yak-9，两架是我在埃尔克纳附近击落的，另外两架是瓦尔特·鲁斯军士长在柏林南面击落的。

9 时 15 分，我的 Ta 152H-1，工厂编号 150168，"绿 9"号降落在诺伊施塔特-格莱沃机场。这是我最后一次空战，也是我在战争中最后一次作战任务。在战争的最后几周里，Ta 152 成了我的生命保险，如果不是这架战斗机的性能杰出，我幸存下来的可能性肯定小得多。

比较令人惊奇的是，德国空军在这天出动超过 800 架次，已知的战斗机部队飞行了至少 468 架次，声称击落 61 架敌机，击毁坦克和车辆 241 辆。其中鲁斯军士长的战绩是 Yak-9，但有说法称他声称击落了 2 架 LaGG-9——德国战斗机飞行员长期将不确定型号的苏联战斗机泛

称为 LaGG，鉴于并不存在 LaGG-9 这个型号(La-9 也没有服役，当时最新型号是 La-7 型战斗机)，如果鲁斯的战绩是确凿的，那应该是某种 Yak。

瓦尔特·鲁斯军士长。

4 月 25 日，鲁斯在柏林上空飞了一次 1 小时 15 分钟长度的任务，声称击落 1 架 Yak-9。最后一次空战发生在 4 月 30 日，仍然是鲁斯声称击落了 1 架 Yak-9 战斗机。至此，Ta 152H 在第 301 联队的作战生涯结束了，可确定的空战损失是 2 架。

战后还有一位法国历史学家罗兰特对第 301 战斗机联队进行过研究，他在 70—80 年代采访了很多前战斗机飞行员，以及联队部人员。收集了一些第 301 联队资料，然后重新检查比对了各人的说法，发现雷斯基的回忆在很多地方和其他联队部成员不同。

按照罗兰特的说法，雷斯基在 4 月 24 日与

英国人拍摄的 Ta 152H-0"绿 6"号照片，该机工厂编号可能是 150004 或 150169。

Yak-9 的空战记录中也与其他人所述有别。雷斯基说瓦尔特·鲁斯军士长(驾驶"绿 4"号)有 2 架声称战绩,他自己有 2 架声称战绩。但 70 年代末采访瓦尔特·鲁斯时,鲁斯说他在驾驶 Ta 152 期间没有任何战绩。见习军官路德维希·布拉希特 1945 年 3 至 4 月的个人日志,以及鲁迪·德里比的信件都支持鲁斯的说法。雷斯基还说斯塔尔中尉在这次空战中阵亡,但其他的第 301 联队记录表明斯塔尔在 4 月 11 日被击落阵亡。4 月 24 日的空战中,约瑟夫·凯尔军士长是他的僚机。

在战争末期的混乱状态中,这也算是正常的记录偏差。无论如何,现在已经很难查证实际状况,Ta 152 的空战声称战绩里有多少是真实的将成为永久谜团。

哈格多恩少尉后来也谈到 1945 年 4 月的状况:"我们只有一小队人飞 Ta 152。有些 Ta 152 只能呆在地上。我们中的一些人尝试从生产商那里搞到替换零件,但这极端困难,考虑到只有很小的区域还在德国控制下。很多 Ta 152 因为一些小问题停飞,如果补给系统还在运转,它们本可能在简单的组件更换后就修复了。我们自己经常讨论:'为什么没能更早拿到这些东西!'队里的那些老家伙经常说:'等我们拿到这东西,就不用再躲开喷火了。'"

5 月 1 日,希特勒已经自杀身亡,德国被会师的盟军切成两半。很多德国空军残余部队开始向德国西北和丹麦方向撤退,其中 301 联队部向石勒苏益格-荷尔斯泰因(Schleswig-Holstein)的莱克(Leck)移动。这是联队部最后一次行动,布拉希特后来在日志中写道:"有飞机仍然能飞的人飞到了莱克。没法飞行的就坐上了剩下的两辆载重卡车和大众桶车。波塞尔曼(Posselmann)把陆地车队交给我指挥。我们在伦岑附近用渡轮跨过了易北河,然后带着车队从美国人和苏联人之间安然穿过,沿着劳恩堡-拉布森堡-基尔(Lauenburg-Rabzenburg-Kiel)路线。到了莱克,我们在国家劳役团的仓库会合。Ta 152H '绿 6' 号停在机场上,没了螺旋桨,这是我们最后一架飞机。其他的已经在机场周围被炸毁,以免送给英国佬。"

英国陆军在 5 月 7 日进入莱克,关押了所有第 301 战斗机联队的人员。到了 20 日,一个皇家空军的"喷火"中队降落在莱克,指挥官是一名加拿大人。布拉希特继续记录:"那个加拿大指挥官把我们看作皇家空军的好对手,……我们周围没有铁丝网——波塞尔曼向加拿大指挥官承诺不会有人逃跑。"波塞尔曼和他麾下的人都遵守了诺言,在给英国部队当了一段时间劳工之后,于 8 月 2 日被释放。

因为第 301 联队不把工厂编号作为战术编号,无法将飞行员对应上特定飞机。还好正式使用 Ta 152H 的作战部队只有第 301 联队,可以在一定程度上确定飞行员名单,已知在 Ta 152 上飞行过的人员名单和他们的声称战绩如下。

飞行员	作战情况
古斯少校	不详
弗里茨·奥夫海默中校	总战绩 5 架
舍伦伯格中尉	不详
迪特里希·赖歇少尉	总战绩 8 架

飞行员	作战情况
赫尔曼·斯塔尔中尉	1945 年 4 月 11 日或 24 日阵亡
泽普·扎特勒军士长	1945 年 4 月 14 日阵亡
约瑟夫·凯尔军士长	总战绩 16 架，4 架在 Ta 152H 上获得
瓦尔特·鲁斯军士长	总战绩 38 架，包括 22 架重型轰炸机和 8 架苏联飞机
维尔·雷斯基军士长	总战绩 27 架，包括 20 架重型轰炸机
赫伯特·斯蒂芬军士长	总战绩 8 架
克里斯托弗·布鲁姆下士	总战绩 6 架
乔尼·威格肖夫准尉	1945 年 3 月 14 日坠机身亡
赫尔曼·杜尔中士	1945 年 2 月 1 日坠机身亡
鲁迪·米凯利斯	不详
埃里希·布鲁诺特	不详
路德维希·布拉希特见习军官	没有参加过实战
哈格多恩少尉	没有参加过实战

其中维尔·雷斯基于 1922 年 2 月 3 日出生在勃兰登堡的马洛。相对于其他早已大出风头的王牌，他的飞行员生涯很晚才开始。1944 年 6 月，盟军的战略轰炸进入了高潮，雷斯基终于完成飞行员训练，被配属到驻扎在维也纳附近的第 302 战斗机联队一大队服役。不过雷斯基很快就拿到了战绩，1944 年 7 月 2 日，他驾驶 Bf 109G-6 在布达佩斯上空声称击落 2 架 B-24 轰炸机。

1944 年 9 月，换装 Fw 190A-9 之后，第 302 联队一大队改编成了第 301 联队三大队。10 月，该大队转移到了施滕达尔。在这段时期里，雷斯基成了个战绩不错的王牌，1945 年 1 月 1 日，他声称击落 1 架 B-17 轰炸机，总战绩达到了 22 架。在 3 月 13 日获得了金质德意志十字勋章嘉奖，4 月 20 日获得骑士铁十字勋章。

雷斯基总共飞行了 48 次作战任务，战绩 27 架。他的运气颇好，被击落过 8 次，每次都活了下来，其中 4 次跳伞逃生，1 次受伤。战后他生活在东德，著有《第 301/302 联队 "野猪"》一书。

第二节　雷希林测试中心的 Ta 152 和其他细节

除了第 301 联队，还有其他部队也使用过 Ta 152H，但他们没有留下多少成绩。科特布斯生产线交付的第一架生产型飞机交给了雷希林测试中心。因为很多项目没法使用 4 架非 Ta 152 系列的原型机进行测试，便预定用生产型测试。因此，该部预计对飞行安全性和操纵性的不满意见会更晚反馈，还会附带一系列修改要求。

雷希林测试中心实际上要求交付总共 12 架 Ta 152H-0 用于各种测试，第 1 架飞机在 1944 年 12 月 11 日送到，22 日、23 日、29 日各送到 1 架，30 日送 4 架，31 日送到 4 架，即大部分最早完工的 H-0 型都交给了雷希林。作为 152 测试特遣队（Erprobungskommando 152，简写为

EK 152)的指挥官,1944 年 11 月 25 日,第 11 战斗机联队一大队的布鲁诺·斯托勒(Bruno Stolle)上尉来到了雷希林。斯托勒也是一名王牌飞行员,当时 29 岁,总战绩 35 架,包括 5 架重型轰炸机。

斯托勒立刻组织起测试飞行,试飞员们发现 Ta 152 性能不错,但长机翼导致滚转率大幅度下降。Ta 152H 在 500 米高度,470 公里/时的表速下,打满副翼滚转一圈需要 4.9 秒,相当于至少每秒 74 度。以前的 Fw 190A 系列的滚转率最快可以超过每秒 160 度,在相同速度下仍能超过每秒 135 度。斯托勒自己则驾机爬升到过 12000 米高空,只是受限于氧气不足没有继续爬升。

斯托勒对新飞机很热情,想尽快开始换装训练,在 1 月初去拜访了科特布斯,在抵达时惊讶地发现至少 20 架完工的飞机停在工厂前面。他回去之后立刻联络了彼得森上校,询问是否能将这些飞机立刻交给第 301 联队。彼得森同意之后,这些飞机立刻转场到了诺伊豪森,在这里完成准备以便交付。恰好在这里停放时,等待交付的飞机遭到空袭,损失惨重,结果正式交付拖到了 1 月 27 日。

布鲁诺·斯托勒上尉,152 测试特遣队指挥官。

在 1945 年 1 月 23 日,测试特遣队正式更名为第 301 战斗机联队直属中队。这天德国空军最高统帅部下达了如下命令:"第 301 联队三大队将装备 Ta 152H,作为作战测试单位,而 152 测试特遣队不进行原计划的扩张。除

此之外,大队要保留之前的飞机型号作战,直到进一步命令。"这道命令在几天后到达三大队,换装即在 27 日开始。雷希林测试中心的测试原计划持续到 1945 年 4 月 1 日,在中心无法进行足够测试的情况下,只能让三大队也参加测试项目。

而后战况越来越令人绝望,测试中心接到命令,利用测试飞机对付敌军。于是测试中心预定在指挥官彼得森上校的指挥下,成立所谓的"测试指挥作战单位(Gefechlsverband K. d. E.)",现有的型号包括 Me 262、Ar 234、Bf 109、Fw 190、Ta 152、Ju 88、Ju 188、He 111,所有可用飞机和机组都会成为作战单位的一员。根据 1945 年 2 月 9 日的编制报告,测试指挥作战单位拥有 9 架 Bf 109、4 架 Me 262、8 架 Ta 152、25 架 Fw 190(组成 2 个战斗轰炸机中队)、9 架 Ar 234(高速轰炸机中队)、10 架 He 111、17 架 Ju 88 和 188。

测试部队现在变成了 Ta 152 战斗机中队,虽然飞机不够一个中队的数量。他们将从罗根廷(Roggentin)起飞作战,指挥官仍然是斯托勒上尉。等到 2 月 4 日,中队又更名为"罗根廷战斗机中队",准备在东面作战,此时可用的飞机为 6 架,到了 2 月 8 日恢复到 8 架。至今为止,尚不清楚该中队是否真正参战过,不过其中 7 架飞机的编号是确定的:工厂编号 150003(CW+CC)、150006(CW+CF)、150008、150009(CW+CI)、150010(CW+CJ)、150011、Ta 152C V8(GW+QA)。

飞行测试倒是很可能继续进行了一段时间,到了 1945 年 3 月 6 日,在雷希林的福克-沃尔夫官员写了一份 Ta 152 测试报告,这很可能是最后一份测试报告。报告明确地指出了引入 Ta 152 造成的问题,还具体描述了 Ta 152H 上遇到的问题技术细节。

报告如下：

Ta 152 测试

1. 木制机尾

由于燃油短缺，150003 号机安装木制机尾后只有一次试飞。除了以下情况，没有任何关于尾翼的不满。尾轮的回程滑轮缆线安装错误，导致起落架放下后，尾轮仍处于收起状态。结果飞机只能紧急滑行着陆，导致机尾和尾轮轴安装点损坏。结果上并未危害飞行安全。当飞机进入车间后会尽快开始维修。

现在第二个木制机尾正在给 150010 号机安装，完毕后将进行测试。不幸的是在雷希林近期不可能进行广泛测试了，原因是上面提到的燃油短缺严重限制了飞行。

2. 起落架测试

目前在雷希林的所有飞机，都在起落架的液压开关上安装容积为 40 立方厘米的蓄能器。此外起落架锁经过调整，在下位锁闩头和起落架支柱滚柱之间，有一条大约 4 毫米的缝隙，完全解决了主轮和轮盖的碰撞。6 架飞机已经完成修改和调试。尚不能给这种手段作结论性评价，由于只有 2 架飞机飞行过，而且仅各一次。其中之一上所有东西运转顺畅，另一架的右侧起落架在即将锁定时落下，第二次尝试锁定成功。不幸的是没有记录空速。在测试架上，60~70 个大气压时，所有 6 架飞机都能完美锁定。

3. 新的不满

工厂编号 150011 号机滑动座舱盖的减压器设定在了 12 个大气压，而不是 4 个，结果机身和座舱之间凹槽里的密封管膨胀出来并爆炸了。两架飞机的散热器整流罩脱落。需要更安全的紧固件。

滑动座舱盖凹槽里的密封管截面很不规则，结果管子在很多地方严重挤压，不能膨胀（还有

受损的危险）。

4. 总结

根据最高统帅部的指令，雷希林的部分测试工作要转移到巴伐利亚的莱赫费尔德（Lechfeld），包括所有喷气式飞机：Me 262、Ar 234、He 162，还有所有与喷气发动机和附件有关的部门。

在雷希林留下的工作重心不变，集中在 Ta 152、Fw 190、Do 335 测试上，还有其余改型，仍是最新型号。

5. 英国战斗机，霍克"暴风"

几天前，英国空军服役的新型战斗机"暴风"运到了雷希林测试。尽管没有进行性能测试，飞机速度可能低于声称的在 6000 米临界高度达到 690 公里/时，以纳皮尔"军刀"IIA 发动机的应急功率。雷希林估算出短时间应急功率能在海平面飞到 560~570 公里/时，在 6000 米临界高度达到 670~680 公里/时。

雷希林估计：如果安装此时还没到前线的"军刀"VI 型发动机，同样使用短时间的应急功率，会增加海平面速度到 620 公里/时，8000 米临界高度速度为 730 公里/时。

"军刀"II 发动机的应急功率是 2230 马力/3700 转/分，进气压为 1.66 倍大气压。雷希林对"暴风"的飞行特性作了如下评估：

a 纵向稳定性（静态和动态）总体不错，杆力较高。

b 动态航向稳定。震荡周期 2.5 秒，在 2000 米高度，每小时 450 公里速度（4 到 5 个周期后震荡变温和）。

c 方向舵力适中。

d 动压增加时副翼杆力迅速增加，尤其是在最大偏角上。失速特性可能不好，但还没得到确证，因为在飞行中油门杆断裂，无法检测失速性能。

e 副翼和方向舵操纵行程很长，从置中位置起操纵力增加很小（典型英国设置，如"惠灵顿"和"兰开斯特"）。

f 在 450 公里/时速度下的滚转率，5~6 秒滚转一圈。其他数据：起飞重量 5150 公斤，而非通常声称的 6 吨。机翼面积 27.5 至 28 平方米，翼载约 185 公斤/平方米。汽油类型为 100 号汽油，"军刀" VI 型使用 130 号汽油。武装是 4 门20 毫米西斯潘诺 404 Mk. V 型航炮。武器安排：埋于机翼内。翼展 12.46 米，全长 10.24 米。

"暴风"看起来类似于"台风"家族，但结构十分不一样。因为椭圆机翼形状，更像是"喷火"。值得注意的是滑动座舱盖和 190 一样，但飞行员坐得更高，座舱内视野比 190 好一些。滑动舱盖也有装甲，但只有 10 毫米厚。机翼是层流翼型。垂尾得到了扩大，以增加背鳍的方式，很像 B-17。

主机轮布局有改变，现在更换机轮只需要拆除轮毂和轮胎，而不用拆下整个机轮。这让飞机可以更快更换轮胎。

据称"暴风"用于反 V1 导弹。以"暴风"俯冲追上 V1，用机翼碰撞导致导弹坠毁的应急战术，据说已经击落了 600 枚 V1。机翼上可能安装了某种弹性装置，以避免造成损伤。

雷希林

1945.3.16

在以上这份测试报告中，雷希林测试中心对飞机的操纵性评价比较合适，与皇家空军自己的测试评价比较类似，但其他情报并不准确。例如"暴风"一直是中低空战斗机，"军刀" VI 型也没有增强高空性能。纳皮尔确实有在"军刀"上使用二级二速增压器的计划，但一直到战后都没有投产。

最后，已知有 4 到 6 架 Ta 152H 转交给了第11 战斗机联队的联队部，这些飞机应该都是原型机，因为没有哪两架看起来是一样的。联队部用它们进行了一些适应性飞行，没有用于作战。该联队本未计划换装 Ta 152H，这些完全是他们自己搞到的飞机，它们很可能原属于雷希林测试中心，斯托勒上尉应该在其中起到了很大作用。

在 4 月底，第 11 联队的联队部也从伊施塔特-格莱沃向莱克转移。据说在最后的转场飞行时，联队部的飞机遭到"喷火"攻击，其中有 2架损失，1 架在莱克迫降，只有一名名字是梅林（Mehling）的少尉安全降落。这场空战的细节目前无法考察，至此，Ta 152 在战争中的生涯宣告结束。

德国刚投降，英国人便计划在 5 月 9—10 日进行一次对比飞行，让梅林驾驶 Ta 152 与 1 架"喷火" XIX 侦察机进行测试。但最后由于安全理由取消了测试，英国人怕德国飞行员在飞行中跳伞，使飞机坠毁。后来梅林说与他之前使用的 D-9 相比，Ta 152H 爬升性能更强、机动性更好、降落速度更低。

按照布拉希特的回忆，莱克是个比较安全的机场，很多德国空军部队都转移到了这里。除了活塞飞机部队以外，喷气飞机部队也在场，例如装备了 He 162 的第 1 战斗机联队。包括第11 联队的飞机在内，抵达莱克的 Ta 152 至少有3 架：工厂编号为 150004 的 H-0 型、工厂编号为 150168 的 H-1 型、工厂编号为 150010 或150003 的 H-0 型。

第 301 联队的雷斯基应该是最后一次驾驶Ta 152 飞行的德国飞行员，他驾驶的"绿 9"号（工厂编号 150168）交给英国人之后得到了新代号"航空部 11"。"航空部 11"最初预定给"绿 6"号，该机工厂编号为 150004，即 Ta 152H-0 型。更换为 150168 号的原因不清楚，可能是状态更

150168 号机照片，摄于飞往英国之前。

从飞机左前方拍摄的 150168 号，后机身可见歪歪扭扭的"航空部 11"编号。

150168 号在范堡罗展出时拍摄的照片。

公众展出的鸟瞰照，Ta 152 位于照片顶端，最近的飞机是"怨恨"XIV 早期生产型，当时性能最好的英国活塞战斗机。

150168 号的另一张照片，可见周围的英国飞机和士兵。

好，或者装备齐全。150004 号留在莱克，在 1946 年 1 月通过公路运输到石勒苏益格，等待处理。此后该机就没了下文，据推测最后在石勒苏益格被拆解废弃。

"航空部 11"号从莱克飞到了石勒苏益格，在这里进行维护。然后在 1945 年 8 月 3 日飞往范堡罗，这次飞行由英国飞行员劳森（Lawson）中尉驾驶。英国著名飞行员，埃里克·布朗

(Eric Brown)后来试飞过"绿9"号,他在8月18日驾机前往布莱兹诺顿(Brize Norton)的第6维护单位,10月22日,该机回到范堡罗参加公众展出,仍然由布朗驾驶。

他对该型号的评价是:

我多次驾驶过BMW 801发动机的Fw 190,包括几种型号。当驾驶这种飞机的机会到来时,我非常高兴,至少从生产的角度,这是库尔特·谭克杰出设计的终极发展,高飞的Ta 152H-1。我记得仅有一架这种有趣而且据称很有潜力的飞机送到了英国,因为一些我不知晓的原因,在德国拆解后被运到范堡罗的皇家飞机研究中心,装在一架阿拉多Ar 234B运输机宽敞的货仓里,然而一般缴获的飞机都是自己飞来的。很奇怪,这种对谭克战斗机的处理方法还在继续,在重新组装过后,我不记得还进行过任何特定飞行测试,除了在1945年夏季让我将它从范堡罗飞到布莱兹诺顿以外。

原来的星型发动机Fw 190,在我的观念里,气动外形优美,同时渗出杀机。但我第一次在范堡罗著名的"A"机库外看到Ta 152时,它和最新的盟军战斗机在一起:"暴风"V、"野马"III、"喷火"21,还有马丁-贝克M. B. 5——在这几年里,谭克的设计流失了很多美感,它的长鼻子过于凸出,机翼向无限的远方延展。虽然说它现在不那么漂亮了,但仍然弥漫着效率感,不过我曾经有点怀疑它有没有德国人声称的能力。

18.7加仑氮氧化合物和15.4加仑甲醇-水保证了全高度性能,根据战斗机不同的飞行高度,喷射到Jumo 213E发动机里,极大增强动力。可能这也是为什么Ta 152在英国从未真正发挥过性能的理由,在范堡罗根本没有GM1和MW50!尽管没有氮氧化合物与甲醇-水,在那个夏日的早晨,我慢慢进入Ta 152H-1(工厂编号150168)的座舱时,我的肾上腺素开始流动了。沿着风挡延伸到远方的巨大机头窥探,我飞过唯一一架机头能与之相比的飞机是布莱克本"火把"。德国战斗机当然装备了增压座舱,因为我在晴空湍流研究时,在有增压的"喷火"XIX上飞过很多次,向布莱兹诺顿飞行的机会让人忍不住要对比德国和英国战斗机。

Ta 152H-1的起飞距离比"喷火"XIX型更短,爬升角度更陡,尽管爬得比英国战斗机更慢。不过一旦高度计指针超过30000英尺,谭克战斗机给人一种爬升率保持得比英国对手更好的印象。关于机动性,到目前为止仍同样,"喷火"在30000英尺以下更好,从这到35000英尺之间相当,超过这个高度后德国战斗机有决定性优势。在开着德国战斗机前往布莱兹诺顿的路上,我在35000英尺高度进行了一次全功率测试,按我的粗略计算,它飞到了大概425英里/时,或者说比"喷火"XIX慢了每小时35英里。不过,如果有GM1的话,天平就会反过来,Ta 152H-1在这方面显然更优越。不过实际上,这两个潜在对手在很多方面相当接近,说明英国和德国的活塞战斗机技术旗鼓相当。

从高空向布莱兹诺顿下降时,我有了时间迅速检查德国战斗机的稳定性和控制。我发现滚转率明显下降,与使用BMW 801发动机的先辈相比,每个G过载需要的杆力增加了。原来战斗机上的部分更有吸引力的特性被牺牲掉,以在极限高度达成尽可能好的性能。于是我期望稳定性比Fw 190更好,确实如此,但还不够好到让在45000英尺长时间飞行不疲劳。飞机安装有自动驾驶仪,证明了这个显而易见的事实。

在布莱兹诺顿降落时,118英里/时的进场速度完全够了,虽然我还是采取了预防措施,以弯曲的航线最终进场，以便从那个"大鼻子"上观察。因为起落架轮距很宽，飞机降落滑行时感觉很稳定，几周后我会感谢这个特性的。上面的当权大人物决定我们的 Ta 152H-1 应当用于静态展出，范堡罗正在组织德国飞机和装备展览。

1945 年 10 月 22 日，我返回布莱兹诺顿，将 Ta 152H-1 飞往范堡罗进行展出，自从 18 日我将它飞到之后就一直在仓库里。毋庸赘言，在起飞前往范堡罗之前，我对飞机进行了相当彻底的起飞前检查，还有发动机暖机。这次飞行是平淡无奇的，但在我降落到范堡罗主跑道上，并且开始踩刹车时，立刻意识到刹车很弱。实际上它们迅速变得毫无效用。飞机开始有点摇摆，我顺其自然，让它把我带进草地减速。然后朝反方向踩死方向舵，以免飞机翻过来。在肾上腺素疯狂分泌了几秒钟过后，Ta 152H 慢慢停了下来。我怀疑这个液压故障没有修好过，我不记得这架战斗机之后还飞过。

在我看来，Ta 152H 在各方面都和对手盟军的战斗机相当，某些方面，比大多数更好。对德国飞行员来说很不幸，对盟军来说很幸运，它来得太晚了，无法在空战中发挥任何重要作用。

显然英国人并未认真测试这架飞机——没有 MW50 和 GM1，也没有安排正式的性能测试。埃里克·布朗的测试完全出于个人兴趣，实际上所获得的数据也并不准确。接下来，该机在 10 月 29 日至 11 月 12 日之间进行了静态展示，1946 年 12 月 15 日出现在范堡罗的拆除区域里，而后成为废品被拆解。此外，需要注意"喷火"XIX 型是没有武器的侦察机，不过飞行性能和 XIV 型战斗机差距不太大，主要是速度略微快一些。

美国人也有 Ta 152，但来源很奇妙。英国人在丹麦的齐斯楚普(Taastrup)缴获了一架，就是那架工厂编号不明的飞机，它在战争最后的日子里被从莱克飞到了齐斯楚普，这是个在丹麦东海岸上的小机场。可以确定该机工厂编号为 150010 或者 150003 号的理由是，已知这两架飞机安装了木制机尾，而这个机尾还保存着。德国飞机通常会在垂尾上涂一个工厂编号，但这个木制机尾上没有。飞机本身也缺乏应该位于机身左侧检查口附近的识别牌，或者垂尾内靠近方向舵位置的一个三角形金属牌(上面应该有工厂编号、工厂名、飞机型号)。

这架 Ta 152H 在交给美国人之前喷涂了英国的识别标志，简单粗暴地覆盖在以前的涂装上，可以模糊地看见下面的字母。似乎不存在这架飞机原始德国涂装的照片。

在莱特机场拍摄的 T2-112 号机，此时又重新涂上了德国识别标志，机尾有 T2-112 字样。

另一个角度拍摄的 T2-112 号。Ta 152 遗留的照片不多，其中相当一部分是美国人和英国人拍摄的。

德国飞机还经常会有机身侧面的编号，作为主要识别号，但航空部在 1944 年要求所有生产商省略这个号码，除了测试和试验机以外。盟军缴获后涂上了盟军识别标志，覆盖原有机身涂装，但老涂装仍有痕迹。该机的一些旧照片上看起来似乎还留有 J 这个字母，如果确实是 J，那么该机的机身号应该是 CW+CJ，即 150010 号飞机。此外还有一些微弱的证据，说明在涂成

在帕克里奇储存时拍摄的 T2-112 号。

机场上拍摄的 T2-112 号，注意 FE-112 的字样是后期处理上去的。

"绿4"号之前曾经是"黄4"号。

无论如何，它都是最早的生产型之一，而后皇家空军人员将其运到更靠北的奥尔堡，简单维护后给予它"USA 11"的编号，交给了美国人。

负责接收该机的哈罗德·沃森（Harold Watson）上校后来说：

……很快麦金托什（Fred Mcintosh）上尉和麦克斯菲尔德（Edwin Maxfield）上尉，还有一些机械师和工作人员，再加上我，爬上了我们忠实的 C-47，在黄昏时分飞往奥尔堡（Aalborg）。很明显这架 Ta 152 的发动机需要更换，麦克斯菲尔德接过了这个更换发动机的任务，立刻和几个人一起开始工作。

从日出到日落，我们在机场、农民的干草地搜罗各种奇怪的飞机，吃着单调的 K 口粮和过量午餐肉。麦金托什上尉和几个人去寻觅了一顿正常的饭。宣布吃饭时，我们很高兴看到了烤鸭，还有其他的东西，包括新鲜草莓和奶油。所有东西都放在我们 C-47 机翼下的军用毯子上。至于奥尔堡警察在搜索什么失踪的宠物鸭，那只说明了我们队员的足智多谋！

第二天下午，麦金托什上尉开着我们的战利品 Ta 152H 飞往米农（Melum），这地方就在巴黎南面。然后又从米农飞到瑟堡（Cherbourg），在这里，它和其他很多珍贵的德国飞机一起，被装上了皇家海军的"收割者"号护航航母，送到美国本土。在新泽西的纽瓦克（Newark）陆航基地卸下，重新组装。麦金托什上尉把这架飞机直接飞到了莱特机场（Wright Airfield），位于俄亥俄的代顿（Dayton）。

而后该机在莱特机场进行过维护和测试。在 1945 年 9 月间，该机位于弗里曼机场（Freeman Airfirld），美国陆航情报部给它的编号是"FE-112"，含义是国外装备 112 号。1946 年 5 月下旬，该机开始进行复原工作，但进展缓慢，3 个月后仍等着发动机修复。

1948 年美国陆航改组后，这架飞机更名为"T2-112"号，前缀 T2 代表情报部。到了 60 年代，该机转交给国家航空航天博物馆。最终国家航空航天博物馆接收了飞机，剩下的机身等组件一直保存到现在。

美国人自己在埃尔福特北机场找到的那一批 Ta 152 都没有运回美国，其中 150167 号曾经被认为有研究价值，半拆解后运到卡塞尔，最后在这里被拆毁。其余的飞机都默默地消失在了历史长河之中。

在卡塞尔等待拆解的 150167 号机，此时已经拆掉了很多组件，注意左侧垂尾上的工厂编号。

缴获后停放在机库内的 150167 号。

另一个角度拍摄的 150167 号，该机是 H-1 型的生产样板。

150167 号的后视照片。

苏联人有一些 Fw 190D-9，但他们没缴获 Ta 152。

看起来正准备起飞的苏联 Fw 190D-9。

美国国家航空航天博物馆里储存的 Ta 152H 组件。

第三节　飞机迷彩和识别涂装

最早的 Ta 152 原型机是由旧项目原型机改造的，它们保留了旧涂装。H 型的原型机（Fw 190 V33/U1 和 V30/U1）也都是标准德国战斗机迷彩，虽然改装加长了机头和机翼，但涂装没有多少变化。飞机上表面是标准分段迷彩，由 RLM 74 号灰绿色和 RLM 75 号灰紫色组成，飞机侧面下半部和下表面是标准的 RLM 76 号浅蓝色。机身迷彩的斑纹由三种颜色组成：RLM 02 号灰色、RLM 70 号黑绿色、RLM 74 号灰绿色，以基本相等的比例在机身侧面和尾翼上喷涂成柔和过渡的色块。螺旋桨毂和螺旋桨都是 RLM 70 号黑绿色。

1944 年 3 月，福克-沃尔夫发布《保护涂装 Ta 152 图样 8-152.960-02 号》作为标准涂装指导。这份文件规定使用德国战斗机标准昼间三色迷彩，包括 RLM 74、RLM 75、RLM 76 号色，还规定了 RLM 02 号柔和色带作为过渡，沿着上

表面迷彩下沿喷涂。此外，RLM 02 号色斑还要与 RLM 74、RLM 75 号大致等量混杂，喷涂在垂尾上。最后是螺旋桨，仍使用 RLM 70 号。

几个月之后，在 7 月 1 日，航空部发布指导："所有新飞机型号，因为任务要求使用 70 和 71 号色的，从现在开始使用 81 和 82 号色。"而且除了少数例外，单发昼间战斗机也不再使用 RLM 70 号黑绿色和 RLM 71 号暗绿色，这两种颜色从战争初期开始就一直在作为战斗机迷彩色使用。

45 天之后，在 8 月 15 日，航空部又发布了新文件。这次是要求逐渐取消使用 RLM 65 号浅蓝色，还有 RLM 70、RLM 71、RLM 74 号色，同时开始使用 RLM 83 号暗绿色。对于一般昼间战斗机来说，这意味着上表面的 RLM 74 号灰绿色将改为更深的 RLM 83 号，或者以其他颜色替代。

作为航空部标准变动的结果，在 1944 年 11 月，Ta 152 涂装标准进行了一次修正。这个修正指导是《图样 8-152.000-4500 号》，正好在第

一架量产型 Ta 152H 首飞前不久发布。此外，这份文件额外描绘了使用喇叭形发动机整流罩的 Ta 152A 涂装式样，此时 A 型早已决定不会生产，不过涂装方式可使用在 C 型上。A 型飞机的新标准没有改变涂装样式，但更改了颜色，RLM 81 号紫褐色和 RLM 82 号浅绿色替代 RLM 74 和 RLM 75 号，不再规定使用 RLM 02 号。垂尾上的柔和色斑使用等量的 RLM 81、RLM 82 号，涂在 RLM 76 号基底上。新标准只是规定了飞机下表面仍不使用迷彩。实际上除了规定上表面迷彩以外，这个涂装模板和 Fw 190A-8/9 的模板并无明显区别。

　　第一架 Ta 152H-0 在 11 月下线时，按照新标准进行了涂装。150168 号的涂装范例基本代表了战争后期涂装式样。1945 年 11 月 29 日，英国的《飞机观察家》半月刊刊登了关于 Ta 152 的文章，作者写道："……机翼上表面、机身、机尾、机身侧面，都涂了各种色调的绿色迷彩。机身是斑驳的色彩效果，机翼则是锯齿形的两种绿色。这架 150168 号飞机，整个下表面是天蓝色，螺旋桨是黑色，有醒目的白色螺旋色带。"

　　毫无疑问，这位作者提到的机翼两种绿色为 RLM 82 号浅绿色和 RLM 83 号暗绿色。另一种战争末期的新迷彩色 RLM 81 号，经常和 RLM 82 或 RLM 83 号搭配使用。在 150168 号机上，作者没有提到棕色。在这架飞机生产的时期，由于生产疏散，发动机整流罩在其他工厂生产并喷涂上色。所以机身的迷彩色段不是完全连续的，在组件连接处有一些错位现象。

　　福克-沃尔夫必然制定了 Ta 152H 的迷彩图样标准，但已经无法找到这份文件。现在的涂装范例依据已有飞机绘制，上表面迷彩和机身侧面、机尾的色斑均为 RLM 82 和 RLM 83 号，发动机排管周围的那一块矩形蒙皮是黑色。虽然生产时螺旋桨已经要求使用 RLM 70 号黑绿色，更早的 RLM 22 号黑色也有使用。

　　Ta 152C 型的迷彩颜色与 H 型有较大差别，可能是由于它设计成了战斗轰炸机。阿德海德制造的两架原型机（Ta 152 V6、Ta 152 V7 号）的颜色就已经表现出了与 H 型的差异，飞机上表面和机身侧面有大面积 RLM 75 号灰紫色，与 RLM 83 号暗绿色组成迷彩，下表面和其他部分则是 RLM 76 号浅蓝色。颜色交错不多，色带边缘柔和过渡，还允许有超过 100 毫米的喷涂误差。

　　机翼下表面只有部分区域有涂装。Ta 152 V6、Ta 152 V7 号原型机上下表面前半部分、起落架舱盖、副翼、襟翼有涂装，剩下的区域是金属原色。螺旋桨是标准的 RLM 70 号，桨叶有一层额外的 RLM 00 号透明光泽漆，让它的表面略微反光。

　　两个德国战斗机生产商都对迷彩色块形状有规定，并且获得了航空部的同意。在这种情况下，单发昼间战斗机的色块形状经常比较精确地按照规定模式进行喷涂。以 Ta 152 为例，在平面图上，机身横向分成 5 个对称的矩形，宽度等同于机身最宽处。按机身总长度，从螺旋桨毂顶端到垂尾开始的位置，纵向分成相等的 10 个矩形图。这样机身平面图上就有了 50 个矩形分区，当然其中有一些位置是空白的。侧视图按照类似的方式，划分为 50 个分区，基准参照点是除去座舱盖以外的机身最高点，即前风挡和座舱的连接处。

　　机翼平面图的分区是从翼尖到翼尖分成 10 个相等的部分，按照机翼和机身的连接处弦长分为 5 排，同样形成 50 个分区。平尾与主翼的划分方式完全相同。垂尾则分成 5 乘 5 的分区，最低处是后机身和机尾的连接点，最高处是垂尾顶端。

　　最后在坐标格内绘制迷彩形状，在这个过程中，双色迷彩以不规则形状交替分配，形成最终图样。在机身侧视图上，侧面迷彩按照对应俯视图的形状绘制成型，最终完成图样。

必须强调的是，这种很精确的迷彩涂装并不是无意义的行为，当然也不是一成不变的。颜色和形式经常会反过来，就像镜像对称的样子。在 1945 年的生产分散之后，各个组件经常会预先涂装完毕，再进行总装，这样当然会导致迷彩形状不能完全匹配。

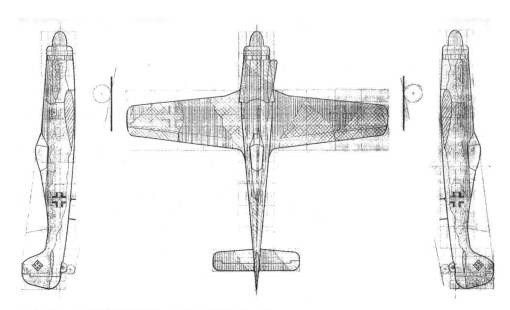

福克-沃尔夫的涂装设计图样，隐约可见划分的方格。

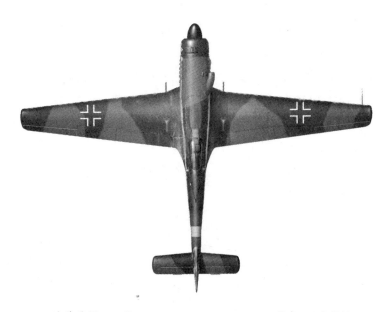

Ta 152H 涂装范例，可见 RLM 76、RLM 82、RLM 83 号色。（见彩插）

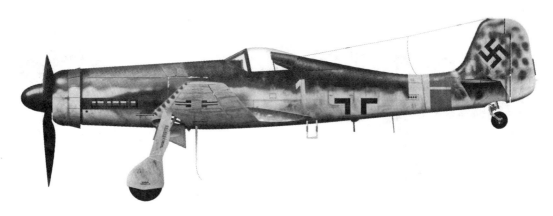

涂装范例侧视图，第 301 联队三大队的"黄 1"号。（见彩插）

联队部小队的识别带样式，绿色数字加绿色细色带。（见彩插）

第 301 联队的涂装范例，这是一架 Fw 190A-9/R11。（见彩插）

弗里茨·奥夫海默的橙红色 Ta 152H 涂装式样。有人质疑这个涂装是不是真的存在，这个事件确实有些讲不通的地方，例如他要为了一次飞行重新涂装全机，然后又要改回迷彩色。（见彩插）

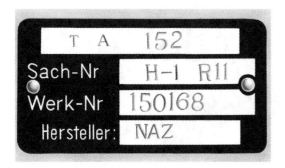

德国飞机的铭牌式样范例，如图分别列出了型号、子型号、工厂编号、生产商简称。

1944 年 11 月，德国空军已经不再使用传统的黑白色十字国籍标志，而是简化成了所谓的"巴尔干十字"，只有外层色带，中间是空的。位置与以前没有区别，在后机身两侧，机翼外段的上下表面，总共 6 个。纳粹党党徽、带钩十字仍位于飞机垂尾中央。

机翼上表面的十字是白色，尺寸为 600 毫米；下表面的十字是黑色，尺寸为 900 毫米。黑白色种与机翼颜色对比度较大，便于识别。机身和垂尾十字都是黑色，前者尺寸为 600 毫米，后者为 300 毫米。从已有照片看来，H 形的国籍标志尺寸略微不同，机翼上下表面的十字尺寸为 1000 毫米，机身的尺寸为 800 毫米，垂

尾的为 500 毫米。

德国飞机有一套简单有效的识别代码系统，被称为主要机身号，德文简写是 Stkz。可让生产商和使用者准确地识别特定飞机。Stkz 码通常可以用溶剂洗掉，但防水的黑色水粉涂料以 4 个字母的形式涂装在机身国籍标志左右。

所有德国军用飞机都会涂装这种代码，战斗机、轰炸机、联络机，甚至是滑翔机。在战斗机上，机身号的主要用处是能识别和跟踪从生产商到前线的特定飞机。用于试飞或者派遣到测试中心，抑或有特殊任务的飞机也会使用这套机身号。一般来说，在战斗机送到作战部队之后，地勤会很快抹除掉机身号。如果没有溶剂可用，就直接覆盖掉。

机身号会在生产时涂上，同时写入飞机的服役信息卡。为了避免重复，航空部下属的一个特别指挥部"通用航空主管-柏林"负责管理和分派代码。不过它通常只负责分派前两个字母，后两个字母一般是最终组装工厂自行指派。从 1940 年起，生产商通常按字母顺序排位最后一个字母。

例如 Fw 190 V29 号在制造时被编为 GH+KS，Fw 190 V30 号顺延为 GH+KT，Fw 190 V31 号为

GH+KU。不过经常会因为安全理由、飞机生产变动，或者其他的什么特殊原因，字母排序会被打断。1944 年 7 月 1 日，航空部正式规定，所有生产商要禁止下属工厂在飞机上涂装机身号，无论是新飞机还是已有的飞机，机身号仍然会分配给飞机。测试机和原型机不受此规定影响。

除了机身国籍标志旁边的涂装，机翼下表面也会再涂一遍机身号。下表面的机身号字体更大，字母顶端朝向飞机机头，前两个字母在右翼下，分列于国籍标志两侧，间距比较大，后两个字母位于左翼下对应位置。

第 301 战斗机联队使用标准的一位或两位数字识别号码，涂在机身国籍标志前方。这些战术编号也和其他联队一样，以明显的颜色区分，方便识别飞机属于哪个中队。

1944 年时，第 301 联队的编制是标准的。每个大队下属 4 个中队，每个中队有 16 架飞机，再加大队部 4 架，大队的飞机总数是 68 架。联队下属 4 个大队，联队部另外有 4 架飞机，全联队编制总数是 276 架。

一大队包括 1~4 中队，二大队包括 5~8 中队，其中第 1、5 中队是白 1 号到 16 号，第 2、6 中队是红 1 号到 16 号，第 3、7 中队是黄 1 号到 16 号，第 4、8 中队是蓝 1 号到 16 号。

三大队是唯一使用 Ta 152 的大队，虽然没有达到标准编制，但仍可确定涂装状态。大队下属的第 9 中队使用白色 1 号到 16 号，第 10 中队使用红色 1 号到 16 号，第 11 中队使用黄色 1 号到 16 号，第 12 中队稍微不一样，使用黑色 1 号到 16 号。四大队下属的第 13 到 16 中队颜色顺序与三大队相同。

三大队部的飞机使用绿色数字，但从 21 号到 24 号。联队部的飞机也是绿色数字，从 1 到 4 号。在德国空军中，中队飞机使用 17 至 20 号是很少见的，虽然超过 24 号的飞机也有存在，它们通常有特殊用途。三大队的飞机转到联队部使用之后，联队部规模就超过了正常的小队，变成了联队部中队，已知的飞机战术编号最大到了"绿 9"号。还有一些飞机保留着之前中队的数字颜色。

在整个战争期间，德国空军的战斗机部队一直使用各种大型识别色带，用于协助区分各部队的飞机。1945 年 2 月时，第 301 联队的所有飞机都涂装了机尾识别带，两条 450 毫米宽度的色带，前方的是黄色，后方的是红色。第 301 联队还有他们独特的大队区分细色带，涂在识别带中央。这个细色带有 5 种不同的颜色，联队部是绿色，一大队是 RLM 21 号白色，二大队是 RLM 23 号红色，三大队是 RLM 04 号黄色，四大队是 RLM 24 号蓝色。

第三章　德国空军的救星？

第一节　欧洲战场上的高空战斗机

因为 Ta 152 身上有太多夸张的光环和宣传性质说词，关于它的性能有多出色，或者是否能够起到拯救德国空军的作用，笔者认为有必要大致回顾一遍各国的高空战斗机发展情况，还有德国本土防空的战况，以此来大致评估 Ta 152 系列到底能达成什么成就，或者发挥多大作用。需要注意的是，此处的高空战斗机指代范围较广，并不仅仅是帝国航空部认定的"高空战斗机"。

在活塞动力时代，战斗机的高空性能主要由发动机决定。飞机的气动布局和增压座舱起辅助性作用，前者主要是机翼设计，大展弦比机翼可在高空低表速时提供足够升力，后者则保证大高度上飞行员的作战能力。如果核心的发动机在高空功率不足，另外两个因素是缺乏效用的。

活塞发动机的高度性能来自增压进气系统，这是由于空气密度随着海拔高度上升而下降，必须要有增压器来保证发动机在高空的进气量。从技术发展、空气流量和适用工况等情况考虑，离心盘是最合适的增压器，实际上当时的航空发动机也基本都使用离心盘来压缩空气。离心盘的动力来源分为两种：机械增压器直接从发动机曲轴获得动力；涡轮增压器利用废气涡轮收集排气中的动能，反过来驱动增压器。

简单、直接、有效的机械增压器是所有发动机供应商的共同选择，增强它的主要方式有三种。第一种是加快转速，第二种是增加离心盘尺寸，第三种是增加级数，其他部分的改进也都有效果，但没这么明显。离心盘有很多限制，首先是尖端速度不能太快，在其中流动的空气不能超音速，否则会产生激波导致巨大能量损失。在这种情况下，即使不考虑传动系统能否承受，或者安装尺寸限制，前两种方法也不能无限制使用，必须搭配额外的增压级数。

增压器在空气密度较大的低空会导致进气过量，使得发动机有爆震的危险，进气压力必须有所限制，这就限制了发动机的总热功率。这个进气压限制能够维持到的最大高度，即临界高度，或者额定高度、全油门高度。超过此高度之后，增压器无法维持进气压力，发动机功率仍会随着高度增加而下降。所以临界高度这个指标反映了发动机的高空性能，同时也决定了飞机的高空性能。

以上几种增加进气量和进气压力的方法，都要求增压器从发动机曲轴获得更多功率，所以发动机的高低空性能不能同时保证。设置多个可切换的传动比是典型解决方案，在低空以低速传动，满足进气的同时从发动机抽取较少功率，到了高空则反过来。由于只能依赖机械增压器，Jumo 213E 就选择了二级增压，三个传动比的技术路线。

从曲轴获取动力是个大问题，当然会降低发动机输出到螺旋桨的功率。废气涡轮就是针对这个问题的解决方案。早在第一次世界大战期间，美国的通用电气公司就开始研究使用废气涡轮作为增压器的动力来源。经过战间时期的研究，再加上有色金属资源丰富——为了耐受高温排气，涡轮需要铬镍铁合金制作，在第二次世界大战时，只有通用电气公司有能力大量生产废气涡轮。但当时的废气涡轮还不能完全取代机械增压，它通常只能提供一级增压，第二级仍然要由机械增压完成。固定传动比的机械增压，加上废气涡轮增压，这就是美国废气涡轮发动机的标准模式。

战争阴云密布的时候，通用电气设计了从A 到 I 共 9 个系列的废气涡轮，对应各档次的发动机。其中 B 系列适配给 801 到 1400 马力的型号，此时的主流发动机功率区间就在这个范围内。为了满足美国陆航对飞机高空性能的需求，XP-37、XP-38、XP-39、YP-43、YFM-1、YB-17、YB-24 等一系列飞机全部在 1937 年至 1939 年安装了 B 系列废气涡轮。

这个本体约 60 公斤重的涡轮，成为了战前美国陆航的战略基石，他们认为可以此增加作战飞机的使用高度。各种新型号也照此思路开始设计。但没过多久，废气涡轮的缺点逐渐暴露，虽然它不会增加从发动机曲轴获取的功率，但仍然通过对飞机整体设计的影响，降低飞机的中低空性能。涡轮本身不重，但飞机内部需要安装额外的空气管道，包括涡轮的废气收集管、增压器通向发动机的导管、中冷器导管。

P-38"闪电"，位于发动机舱中段、机翼后缘上方的物件就是废气涡轮的排口。

B-24 重型轰炸机，废气涡轮位于发动机舱后下方。

它们增加了发动机系统的重量和复杂性，还增大了排气背压，一定程度上降低了功率。繁杂的附件甚至会影响气动设计，例如 XP-39 的中冷器突出在飞机机身侧面，严重拖累了整体性能，最终只得拆掉废气涡轮，以一级机械增压的中低空战斗机形式生产。

空间充裕的重型轰炸机和双发战斗机受此影响很小，P-38、B-17、B-24 很快便以此模式

修复到可飞行状态的 Mig-3，这是当时苏联唯一量产的高空战斗机。

投产。以 P-38 为例，几种早期型号的平飞临界高度在 7600 米至 8200 米之间。因为重量和尺寸的限制，美国海航只能寻求二级机械增压，世界上第一种量产的二级机械增压战斗机就是 F4F-3"野猫"，但它的临界高度只有 5700 米左右。

在遥远的苏联，米高扬设计局也在准备他们的高空战斗机，这就是后来量产的 Mig-3。苏联的航空活塞发动机技术比较差，米格战斗机使用的 AM-35 发动机配置很简单，只有单一传动比的大型一级增压器，这台发动机给 Mig-3 提供了平飞时超过 7000 米的临界高度，相对的低空性能严重不足。苏德战争开始之后，空战态势很快就明显起来，主要是围绕对地支援飞机的中低空空战。Mig-3 很快就被勒令停产，因为它缺乏必要的低空性能，还占用产能，而

后转产低空型 Mig-3 的计划也以失败告终。从此之后，苏联空军只有一些测试型号，和略为加强高空性能的"高空型"雅克系列，不再生产真正像样的高空战斗机，一直到活塞时代结束。

战争开始之前，皇家空军和德国空军预计的核心作战高度都是中低空，通常空战高度不会超过 6 公里。所以"喷火"I 型和 Bf 109E 的临界高度在 5600 米至 5000 米之间，它们在很多指标上也都旗鼓相当。这个时期里，英国/德国战斗机的临界高度不仅低于 P-38 和 Mig-3，甚至低于"野猫"。英德双方的轰炸机也类似地缺乏高空性能，无法与 B-17 相提并论。

不过在德国空军里还有一个例外——容克斯 Ju 86P，这个型号安装的是 Jumo 207 废气涡轮增压柴油发动机，可让飞机在万米高空进行

标准机翼的"喷火"IX 型。

侦察。柴油机的排气温度较低，有利于使用材料比较差的废气涡轮，但本身的输出功率不高，只有 900 马力。这是帝国航空部对高空飞机/发动机的早期探索型号，它本身还算比较成功。

这个型号在 1940 年夏季服役测试时就在英国上空飞行过，后来的侦察任务中也表现出难以被拦截的优点。德国高空侦察机的出现，一定程度上刺激了皇家空军对高空截击机的需求。但到了 1942 年 8 月 24 日，1 架 Ju 86P 在埃及上空约 12800 米高度被经过特殊改装的"喷火"V 型击落。接下来几个月里，Ju 86P 在英国上空也遭到了拦截。显然 Ju 86P 的性能已经不足以摆脱新型战斗机拦截，而柴油发动机导致这个型号的发展潜力有限，到了 1943 年 5 月终于退出现役。

在英国人这一边，罗尔斯·罗伊斯（Rolls-Royce）公司在"灰背隼"I 型发动机投产后就开始计划增加发动机的高空功率。因为基础型号只有一级一速增压器，发展方向自然是二速增压，这就是此后产量最大的 RM.3 系列发动机。新发动机投产后，皇家空军内部出现了两种意见，一种是认为"飓风"性能较差，应该先升级发动机。另一种则主张应该继续加强"喷火"，以取得最大限度的性能优势。此时"喷火"正忙于解决生产问题，二速增压器增加了发动机长度，如果要换发动机，需要较大改动，而此时超级航海公司没有余力迅速解决问题。因此，英国人只得先给"喷火"准备也是一级增压的 RM.5 系列发动机。"飓风"自然获得优先权，在不列颠战役之前刚开始更换新发动机。

在不列颠战役进程中，皇家空军意识到德国可能量产 Ju 86 这类高空飞机，德国战斗机似乎也在安装某种加力系统（即 GM-1 加力），以加强高空性能。受 Ju 86P 和其他一些捕风捉影的情报影响，接下来一段时间，皇家空军认为德国空军有潜在的高空轰炸能力，他们开始认真地研究可在 30000 英尺（9144 米）左右有效作战的战斗机。

1941 年 2 月，英国航空部提出需要高空型"喷火"，必须安装增压座舱，具备高空截击能力。为此，罗尔斯·罗伊斯公司提供了 RM.6 系列"灰背隼"，这个系列扩大了增压器，但它的高空性能仍是极其有限的——在 +16 磅平方英寸的进气压下，发动机临界高度 14000 英尺（只有 4267 米）。安装此型号发动机并增加了增压座舱的"喷火"VI 型成了皇家空军第一批"高空"战斗机，此外少量"喷火"V 型也使用这个系列发动机。但德国高空轰炸机的威胁并未成真，VI 型产量很低，高空用的 V 型在前线也不受欢迎，因为此时空战仍在中低空进行。值得注意的是，"喷火"VI 型开始配备一种延展翼尖组件，可以增加飞机的翼面积和展弦比，改善飞机在高空低表速情况下的升力特性。

皇家空军很快就会迎来转机，虽然运气成分比较大。德国人的高空轰炸机威胁浮现时，英国航空部也在计划针对性的型号，他们在 1940 年要求维克斯公司提供能在 30000 英尺高度使用的"惠灵顿"高空轰炸机，同时要配备增压座舱和布里斯托公司的废气涡轮增压发动机，以保证高空战斗力。罗尔斯·罗伊斯公司要提供备用发动机选择，后来废气涡轮计划失败，罗尔斯·罗伊斯提供了二级二速增压的"灰背隼"发动机。

"喷火"VI型，可见延展翼尖与普通翼尖的差异。

"喷火"IX型，这是低空用的裁剪翼尖。高空型和低空型"喷火"的关系类似于 Ta 152H 和 Fw 190D-9，双方高空型有几个共性，高空速度快低空速度慢，同时盘旋性能好而滚转率差。

韦斯特兰"苍穹"高空战斗机。

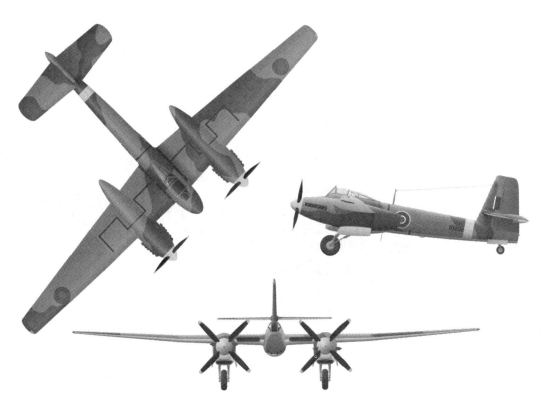

"苍穹"三视图，可见它与 Ta 152H 类似的超大展弦比机翼。

安装了新发动机之后，高空型"惠灵顿"原型机试飞的成绩不错，以+9磅/平方英寸的进气压，飞机平飞的临界高度达到了9070米。接下来，罗尔斯·罗伊斯公司的一名主管突发奇想，提出应当将这种发动机配给"喷火"。其他人对此很认可并且迅速行动起来，开始寻求如何将新发动机改装到已有的机体上。就这样，"喷火"IX型很快便诞生，并且作为临时解决方案迅速开始生产。后来正式换代的VIII型也使用同样发动机，这两个型号在飞行性能上基本相同。

在1942年下半，IX型逐渐完成并少量交付。早期批次IX型使用"灰背隼"61型发动机，在+15磅/平方英寸的进气压状态下，飞机平飞临界高度接近8400米，而此时正好也是早期Bf 109G系列和Fw 190A系列服役的时间段，后两者的临界高度仍在6000至7000米之间，于是英国战斗机突然之间有了明显高空性能优势，并且能有效威胁Ju 86P。

早期"喷火"IX型在它自己的临界高度上，速度比同期Bf 109G快50多公里/时，但降低到Bf 109G的临界高度时，"喷火"IX型便不再有多少优势。只是高空性能优势在空战中并不是很管用，海峡前线的主要作战高度仍比较低。而Fw 190A又表现良好，让英国人颇为头痛，必须要有新战斗机对付它。

罗尔斯·罗伊斯很快就通过降低传动比（从1：6.39/8.03减小到1：5.79/7.06）推出RM.10系列低空发动机，该系列的主要型号即"灰背隼"66。此外，为了应对仍可能存在的高空威胁，维持传动比的RM.11系列高空发动机也很快开始生产。

三个系列发动机对应的"喷火"分别添加了F、LF、HF前缀，表示战斗机、低空战斗机、高空战斗机。F型高不成低不就，很快便让位于LF和HF型。而"喷火"LF IX型的临界高度与Bf 109G、Fw 190A相当，而且大量采用提升滚转率的裁剪翼尖，实际上就是针对当前德国战斗机（主要是Fw 190A）的解决方案。LF型在性能上更适合与德国战斗机空战，接着便成了最主要的"喷火"生产型号。而HF型的临界高度维持在8400米左右，但与之前的VI型相同，产量较低，也基本不在前线与德国战斗机厮杀。

"喷火"VI计划开始进行的时候，英国航空部另外发布了高空战斗机招标。应对此招标，韦斯特兰公司另外设计了一种专用高空战斗机，称呼是"苍穹（Welkin）"。这架飞机在概念上与Ta 152H比较类似，带有一副超大展弦比机翼，专用于高空飞行，再加上两台高空型"灰背隼"和增压座舱。这个型号拖到了1944年5月才开始服役，此时谁都看得出来，当初设想的德国高空轰炸威胁不可能成真。"苍穹"的飞行性能不算好，缺乏多用途性能，当时战况也不再需要它，最终该机只生产了77架。已经投入服役的飞机用到当年11月就惨淡退役。就在当时，在德国人这一边，Ta 152H开始生产。

"苍穹"的大展弦比机翼降低了飞机临界马赫数，还好它也不太需要高速俯冲性能。在Ta 152H上，这也是个问题，但由于缺乏足够的飞行测试，具体表现无从得知。

回到美国人的战斗机计划，共和飞机公司很快就基于P-43设计了新战斗机，即著名的P-47。经过大幅度改进之后，XP-47B原型机在1941年5月6日首飞，新飞机在后机身安装了通用电气的C系列废气涡轮，这个系列是给1801至2200马力发动机设计的。再加上发动机级的机械增压，P-47B在1942年6月的试飞中达到了接近8500米的临界高度，并在这个高度达成了每小时690公里的高速。但由于飞机有各种毛病，一直改进到1942年底，第一批C型才运往英国服役。

而后的 D 型是产量最大的型号，从初期批次到后期批次，改进幅度相当大。在飞行性能上，通用电气 C 系列涡轮的改进加强了发动机高空性能，把临界高度提高到了 9000 米左右。而在 1944 年初安装的喷水系统增强了中低空性能，最大功率达到 2300 马力，同时把临界高度降回 7800 米左右。P-47D 就以这种状态参加了 1944 年中期至 1945 年的护航战。值得注意的是，R-2800 发动机加装喷水系统也是应对 Fw 190A 的举措，早期型 P-47 的中低空性能明显不足，在实际作战高度应对德国战斗机时显得缺乏能力。

另一种重要的型号是 P-51，最初作为北美

航空设计的 P-40 替代型号，只装备了一级一速增压的 V-1710 发动机。1943 年初的测试是 P-51A-1 表现最好的时候，测试机在军用动力下的平飞临界高度只有 5300 米，战斗动力下低到了 3170 米，看上去似乎并不出色。但实际上由于 P-51 杰出的气动设计，它的低空性能远超其他各种战斗机，在海平面以 1400 马力的功率可飞到 608 公里/时的高速，此时的 P-47 在海平面只有 530~540 公里/时的速度。

情况很明显，由于美国陆航的废气涡轮增压战略，战斗机发动机出现了两极分化的状态：只有一级增压的低空用 V-1710 发动机，其他为二级增压的高空发动机。战斗机也可由此大致分为低空型的 P-39、P-40、P-51A，高空型

早期型 P-47D，"雷电"的废气涡轮位于机身后下方。

P-51B，1943 年末服役时，无疑是当时飞行性能最好的战斗机。

的 P-38、P-47。

罗尔斯·罗伊斯"灰背隼"发动机的进展很快就影响到了"野马"。1942 年后半，英国和美国同时开始进行将二级增压"灰背隼"换装到早期"野马"的计划，到了年末，双方的原型机都完成了首飞。英国人的测试证明了这个方案具有足够的性能，而后北美航空的 XP-51B 很快获得订单，准备开始进入生产。许可生产"灰背隼"的美国派卡德公司为其提供 V-1650-3 型发动机，这个型号相当于 RM.11 系列高空发动机，使用相同尺寸的增压器，传动比甚至还要大一点，以配合美国陆航的高空战略。

得益于 P-51 的气动优势，它在相同功率下的速度能比"喷火"快 50~60 公里/时，进一步增强了冲压效应的效果，而且增压器传动比（1：6.39/8.095）还比"喷火"配用的发动机略高。所以在测试中，以同样的进气压，"野马"

的平飞临界高度可达到 8960 米左右，略强于高空型"喷火"。但 P-51B/C 没有增压座舱和高空飞行用的专用机翼，缺乏万米以上的拦截性能，较大的起飞重量也使得它的爬升率比"喷火"差很多。

早期 P-51B/C 以这种状态参加了 1943 年末至 1944 年初的护航作战。在战斗中很快就暴露出了飞行性能的不足，与"喷火"的情况一模一样，它的高空性能过剩而中低空性能不足，在实际作战高度与德国战斗机空战时，并没有表面上看起来那么大的优势。

搭配 V-1650-3 发动机是一个错误的决定，而且一开始就有很多人认识到了这点，尤其是作战经验更丰富的英国人。参加"灰背隼"P-51 计划的托马斯·希区柯克（Thomas Hitchcock）少校在 1942 年末写了一份报告，这份报告中的部分内容说明了皇家空军的思路：

欧洲的战斗机设计趋势有点像女士们的服装……风格和时尚持续变换。7个月之前去伦敦时，如果什么东西不能在28000至30000英尺飞行，还缺乏速度的话，英国战斗机指挥部连看都不想看。然后福克-沃尔夫进入西线战场，现在你能听到的全是更高的爬升率和额外的加速度。

……

他们说："现在，如果我们将一台高空发动机装上去，这就是少女祈祷的答案。"……最开始，他们要装一台"灰背隼"61型，临界高度在30000英尺。然后由于福克-沃尔夫的临界高度是21000英尺，他们便决定让"喷火"飞高空掩护，让"野马"对标福克-沃尔夫……

英国人实际给他们的改装原型机搭配了+18磅/平方英寸进气压力的"灰背隼"61型，飞机临界高度比早期"喷火"IX略低，但仍达不到对标Fw 190的目标。而后新型"野马"的生产发展由美国方面继续进行，"喷火"LF IX成了皇家空军的主力。

但美国方面的发展计划和英国人的预想完全不同，到了1943年秋季，罗尔斯·罗伊斯公司的总经理欧内斯特·海福斯参观北美航空工厂，发现"野马"的配置偏离预期之后相当不愉快。9月28日，他写了一份报告：

整个美国，似乎没有一个人知道，这个国家需要的战斗机是25%比例的高空型和75%比例的低空型。

我告诉他们，我想分配给皇家空军的"野马"会遭到批评……它们的低空性能不足，因为安装了相当于"灰背隼"63型的发动机。我在这里的时候情况有了改变，派卡德受命生产-7型发动机，相当于我们的"灰背隼"66……

……必须认识到莱特机场(即美国陆航装备部所在地)对派卡德全权负责和控制，在没有莱特机场同意的前提下，派卡德不能引入任何修改。莱特机场经常阻止修改，因为按照他们的观点，基于他们对派卡德发动机的经验，这些是不必要的。我指出，到目前为止，绝大部分派卡德发动机在英国使用，美国陆航只有相对少量P-40的使用经验，莱特机场基于这些信息进行判断是大错特错的……

接下来美国人意识到了问题，"野马"的改进手段和"喷火"相同，派卡德提供新的V-1650-7发动机，降低增压器传动比(为1∶5.8/7.35)到接近于RM.10系列的程度。于是P-51B/C后期批次和几乎所有的P-51D型都使用V-1650-7，这些就是1944年中到1945年护航作战的主力战斗机。

在1943年至1944年初英国和美国发动机增强中低空性能，以便更好与德国战斗机空战的时候，Ta 152计划开始了。帝国航空部比主要对手慢了2至4年开始计划真正的高空战斗机，而且他们看起来对英美的发动机策略缺乏认知，不仅没有对标"灰背隼"的念头，设计作战高度竟然比对手的早期计划更高。这种情况实在是讽刺，Fw 190A曾经大幅度改变了英国和美国的战斗机策略，现在Fw 190的后继者却走上了对手走过的错路。

随着1944年到来，战场上的活塞战斗机得到了进一步升级。新型号里，拉开序幕的仍是"喷火"，当年1月，罗尔斯·罗伊斯的二级增压"狮鹫"发动机在"喷火"XIV型上开始服役，这种发动机很大程度借鉴了"灰背隼"的成功基础，但由于排量更大，在全高度都可以输出更大功率，虽然计划了专用低空型号，但投产的只有标准型。因为发动机不再分高低空系列，这些"喷火"也不再区分高空和低空型。新的侦察型号，例如埃里克·布朗驾驶过的 XIX 型也使用标准的二级增压"狮鹫"。在 +18 磅/平方英寸进气压下，"喷火"XIV 型的平飞临界高度为 7700 米左右，略低于此前的高空型"喷火"，但由于功率增加，全高度性能都有明显提升。另外由于此时缺乏高空威胁，战斗型没有配备增压座舱和延展翼尖，只有需要进行高空飞行的侦察型还有增压座舱。

"灰背隼"则进入了最后发展阶段，包括 RM.14 系列低空发动机和 RM.16 系列高空发动机，重新优化设计的增压器给两个系列都提高了约 1000 米临界高度，传动比则继承之前的低空/高空系列。但由于后继的"喷火"型号已经准备全面转向"狮鹫"，没有安排给它批量配备 RM.14/16 系列。

而派卡德基于 RM.16 系列继续改进，推出了 V-1650-9 发动机，用于新的轻量化"野马"生产型，即后来的 P-51H。V-1650-9 型继承了 V-1650-3 型的较高传动比，维持新飞机的高空性能，同时第一次安装在"野马"上的喷水系统大幅度提高了中低空性能。全面的性能增长，再加上气动修形，让 P-51H 型成了综合性能最好的活塞战斗机。

此外，在 1944 年中期，英国和美国的战斗机部队开始使用 100/150 号汽油，这种汽油抗爆震性能更强，可以让所有发动机以更高进气压运转，提高了所有飞机的中低空性能。

最后，与容克斯公司相同，罗尔斯·罗伊斯公司也在进行更强力的高空型发动机计划，包括二级三速增压的"灰背隼"和"狮鹫"。与容克斯发动机一致，三个传动比能在保证已有低空性能的情况下，尽可能强化高空性能。不过只有"狮鹫"在 1945 年制作出原型机，而后安装

在新的"怨恨"战斗机上测试，没有批量生产服役。当然，即使走到这一步，英国人对活塞发动机高空性能的看法仍然与德国人不同，他们不准备让活塞飞机到 14 公里高度作战，也就没有继续设计 Ta 152H 这样的专业高空型号。

活塞发动机还有另外的重大问题，以螺旋桨输出动力，在推力性能和热效率这两个方面的表现都太差。即使 Ta 152 这样极端的设计，到了十余公里高度，仍显得动力不足，无法让飞机达到足够高的指示空速，让它能顺畅地进行机动。真正能在此高度作战的战斗机，还得等喷气战斗机到来——以 Mig-15 和 F-86 为代表的时代。

战争的最后一年里，在大洋彼端，普拉特·惠特尼公司发展出 R-2800C 系发动机，用于 P-47M/N 型战斗机，通用电气也为此提供了新改进的 CH-5 废气增压涡轮。在双管齐下的动力升级之后，P-47M 的平飞临界高度提高到了 9750 米左右，在高空战斗机这个项目上，"雷电"实际上成了 Ta 152H 的最大竞争对手。正好在 Ta 152H 交付的时期，P-47M 也交给了第 56 战斗机大队，这就是欧洲战场上最晚出场的两种高空战斗机。

与 P-47M 略有不同，Ta 152H 是更为专业的高空截击机，它的首要作战目标应当是轰炸机。在这个时期，唯一在万米高空保有可靠战斗力的轰炸机 B-29 已经进行了多次作战，但仅在对日战场上。美国陆航在接下来几个月里对日本本土进行了多次高空轰炸，老问题再度浮现。即使飞机本身的性能可以满足 30000 英尺（9144 米）的投弹高度，无制导的炸弹精度明显不足，高度只能作为 B-29 对日本战斗机的防御手段。首要的改进方法仍是降低轰炸高度，夜间燃烧弹攻击，或者在有护航的情况下在中等高度投弹。在这段日子里，各国的制导炸弹已经出现，

并且取得了不少战果。但受限于粗糙的电子技术，制导武器还没办法大规模使用。另一个方向是炸弹本身的威力可以增大——核武器不需要多高的命中精度。在这个方面上，德国空军对高空截击机的需求是真实存在的。

第二节　1943 年末至 1945 年的空战形势

第二次世界大战开始时，德国空军无疑是世界上最有效的航空力量，而且在波兰战役里发挥了重要作用。虽然德国空军也在此战中遭到一定损失，但对整体实力影响很小。到了法国战役开始时，德国空军总共拥有 4782 架作战飞机，其中有 1356 架单发战斗机。

接下来的不列颠战役中，德国空军遇到了第一个像样的对手。在 1940 年里，因为英国航空工业得组织适当、思路合理，飞机产量反而超过了备战多年的德国。当年英国交付了 15000 多架飞机，德国只交付了 10800 多架。产能优势是皇家空军打赢不列颠战役的基础之一，以此为基础，皇家空军的规模很快便超过了德国空军，而后英国的飞机生产数优势维持到了 1943 年。

随着不列颠战役逐渐结束，德国空军得到了一段补充和休整的时间，进攻苏联之前，作战飞机保有量略微增加到了 4882 架，其中 1440 架单发战斗机。东线战场初期，德国空军再度发挥了巨大作用，同时也让飞机损失量又迎来了一个高峰期。但在 1941 年，德国飞机产量增长了一些，大致弥补了战役造成的飞机损失。

1942 年 1 月，德国空军作战飞机保有量维持在接近 5100 架，其中约有 1500 架单发战斗机，数量上略微强于战争初期。然而东线和地中海战场的战况都愈发激烈，飞机损耗也随之上涨。新型战斗机 Fw 190 的投产让德国空军维持住了部队编制，但也没有增长，很大程度上是由于 Fw 190 的产能不足。就这样持续到 1943 年 1 月，德国空军有接近 5400 架飞机的总保有量，其中单发战斗机 1380 架。此时美国陆航刚参加欧洲战场，还没有起到明显作用，但在欧洲的部队编制正迅速扩大。

时间进入 1943 年下半，美国陆航开始展开大规模昼间战略轰炸。数量可观的 B-17 和 B-24 已经抵达战区，还有更多飞机即将到米。1943 年 7 月，在这个关键的时刻，德国空军飞机保有量达到开战以来的巅峰，超过 7200 架，其中 1800 多架战斗机、1600 多架轰炸机。如果只看德国空军本身的话，情况似乎还很不错，几年战争之后，机队规模略有上涨。但问题是其他国家的飞机生产增速都远大于德国，实际在这个时点上，德国空军的作战飞机数量已经低于对德战区内的美国陆航，更不用说还有皇家空军，以及飞机保有量一直大于德国的苏联空军。

接下来的战况开始明显对德国人不利，首要原因是美国陆航昼间战略轰炸规模日益增加。虽然美国人当前还缺乏可用于护航的远程战斗机，现有的型号不论高空性能如何，除了 P-38 以外都缺乏航程。美国陆航曾经认为轰炸机可以靠密集编队和大量自卫机枪抵御前来拦截的战斗机，但这种理论并未经历实战考验。实际情况确实和预想的不同，在轰炸机独自深入德国境内的时期，德国战斗机能比较轻松地拦截轰炸机，给美国人造成可观的损失。然而也由于德国空军战斗机总数量有限，越来越多战斗机部队被调到负责本土防空的帝国航空军团。

美国陆航第八航空军月度飞机保有量		
重型轰炸机		
日期	保有数	可用机组数
1943 年 9 月	656	409
1943 年 10 月	763	479
1943 年 11 月	902	636
1943 年 12 月	1057	949
1944 年 1 月	1082	1113
1944 年 2 月	1481	1155
1944 年 3 月	1497	1063
1944 年 4 月	1661	1148
1944 年 5 月	2070	1430
1944 年 6 月	2547	2034
1944 年 7 月	2447	2007
1944 年 8 月	2400	2119
战斗机		
日期	保有数	可用机组数
1943 年 9 月	372	398
1943 年 10 月	559	591
1943 年 11 月	635	631
1943 年 12 月	725	664
1944 年 1 月	909	810
1944 年 2 月	883	888
1944 年 3 月	1016	998
1944 年 4 月	1060	953
1944 年 5 月	1174	1053
1944 年 6 月	1112	1230

面对规模见长的美国轰炸机编队，帝国航空部确实感到了威胁，终于在 7 月要求梅塞施密特和福克-沃尔夫立刻提供新战斗机。然后故事回到篇头部分，Ta 152 的设计开始了。

很快，美国陆航意识到了他们犯下的错误，并且开始补救。第一步是从 1943 年 8 月开始，让 P-47 测试挂载副油箱进行护航。而后在 10 月，第一个 P-38 大队加入护航。1944 年 3 月，第一个 P-51 大队加入。护航战斗机越来越多，航程越来越远，迫使整体实力不足的德国空军尽量避开它们，在其作战半径之外进行拦截，然而 P-47 和 P-51 都在进行内油升级，再加上更大的副油箱，它们很快就可以进行全程护航。

新的分段护航制度对于增加战斗机作战半径起到了同样重要的作用。因为战斗机巡航速度高于重型轰炸机，如果让战斗机伴随护航，那么它们将快速消耗掉自己的航程。分段护航体制是让一个战斗机大队在轰炸机航线上的某个点集结等待，跟随轰炸机飞行一段距离，然后交给下一个负责的大队。交接之后，第一个大队可以继续沿着轰炸机航线方向前进，进行自由扫荡，或者沿着大致同样的航线返航。这样就在轰炸机长阵上形成了连续不断的战斗机河流，全程保护轰炸机。

这种战术给德国战斗机造成很大威胁，它们可能在远离美国轰炸机的区域与护航战斗机先展开空战，以至于无法有效拦截轰炸机编队。

1944 年的整个前半年里，德国空军的战斗机保有量在 1700 架左右徘徊，而且分散在广大地区。即使能准确估计轰炸机编队的航线和目标，受到地面管制体系、飞机本身的巡航速度等因素影响，远离测算轰炸机航线的战斗机部队也经常无法顺利集结并进行拦截。举例来说，轰炸机编队的一次战术转向，那预测编队半小时后的位置就会大幅度变化，而德国战斗机也要飞往完全不同的空域准备迎战。

各种各样的问题很容易导致帝国航空军团无法组织足够数量的战斗机迎战美国轰炸机。而又因为截击机的数量经常低于护航战斗机，德国飞行员们不能一边击退连续的美国战斗机

正在投弹的 B-17 编队，德国空军在战略上缺乏准备，前往截击的战斗机经常比轰炸机数量还少。

编队飞行的 P-51"野马"战斗机。远程护航战斗机的到来，让德国空军的弱点暴露无遗——空战范围迅速扩大，而战斗机部队的规模太小，无论前线还是本土，在哪里都实力不足。

长河，一边高效率的拦截重型轰炸机。这样的消耗战进行到了 1944 年 6 月，为了支援诺曼底登陆战，美国陆航和皇家空军高强度出动支援地面作战。

诺曼底登陆不仅是陆地战线的重要事件，对空中战场来说也是一个转折点：在这个月，德国空军战斗机击落的轰炸机数量第一次低于高炮击落的数量，此后到战争结束，战斗机每个月取得的战绩再也没有超过高炮。同时，在美国陆航战斗机损失里，被德国战斗机击落的数量也低于被高炮击落的数量。这表明美国战斗机越来越多地参与对地攻击，护航战斗机也

开始攻击德国机场，这些因素有利于小口径高炮发挥作用。相对的，德国战斗机的效率也在缓慢下降，至此，其战绩已经不如高炮。

第二个重要因素是，在登陆战役成功之后，西方盟军与德国之间再次有了陆地战线，意味着皇家空军的短程战斗机，即各种型号的"喷火""台风""暴风"有了更多与德国空军交战的机会。

这个转折点来得太快，现有的 Bf 109 机队刚进行 MW50 喷射系统的升级，新型号里进展较快的 Bf 109K-4 和 Fw 190D-9 都没有交付，Ta 152 还在准备阶段，空战突然开始转回中低空了。

美国陆航在欧洲战场上的飞机损失率				
时间	重型轰炸机		战斗机	
	战斗机造成的飞机损失率(%)	高炮造成的飞机损失率(%)	战斗机造成的飞机损失率(%)	高炮造成的飞机损失率(%)
1942 年 8 月	0.00	0.00	4.00	0.00
1942 年 9 月	2.02	0.00	0.00	0.00
1942 年 10 月	5.59	0.00	0.42	0.00
1942 年 11 月	3.69	0.00	1.00	0.00
1942 年 12 月	10.30	0.00	0.00	0.00
1943 年 1 月	8.18	0.00	0.71	0.00
1943 年 2 月	6.71	0.00	0.23	0.00
1943 年 3 月	2.19	0.00	0.17	0.00
1943 年 4 月	8.78	0.31	0.98	0.00
1943 年 5 月	3.26	0.88	0.43	0.00
1943 年 6 月	6.15	0.95	0.43	0.00
1943 年 7 月	4.53	1.66	0.66	0.00
1943 年 8 月	4.70	1.08	0.35	0.00
1943 年 9 月	1.87	1.02	0.33	0.00
1943 年 10 月	6.57	1.79	0.45	0.00
1943 年 11 月	2.05	0.97	1.54	0.03
1943 年 12 月	1.72	1.32	0.73	0.00

时间	美国陆航在欧洲战场上的飞机损失率			
	重型轰炸机		战斗机	
	战斗机造成的飞机损失率(%)	高炮造成的飞机损失率(%)	战斗机造成的飞机损失率(%)	高炮造成的飞机损失率(%)
1944 年 1 月	2.77	0.54	0.88	0.09
1944 年 2 月	2.26	1.08	0.71	0.13
1944 年 3 月	2.03	1.28	0.37	0.31
1944 年 4 月	3.16	1.06	1.05	0.31
1944 年 5 月	1.51	0.87	0.54	0.30
1944 年 6 月	0.49	0.71	0.29	0.45
1944 年 7 月	0.42	1.07	0.16	0.38
1944 年 8 月	0.32	1.26	0.24	0.69
1944 年 9 月	0.88	1.33	0.34	0.63
1944 年 10 月	0.21	0.66	0.36	0.73
1944 年 11 月	0.33	0.96	0.29	0.59
1944 年 12 月	0.17	0.45	0.42	0.49
1945 年 1 月	0.33	1.51	0.29	0.66
1945 年 2 月	0.07	0.79	0.11	0.60
1945 年 3 月	0.22	0.57	0.13	0.41
1945 年 4 月	0.40	0.42	0.08	0.46

由于无法阻止美国人的轰炸，德国只能采取将核心生产资源分散的措施，避免少量大型工厂被毁后难以恢复。在这方面，阿尔伯特·斯佩尔是个人才，他通过精心策划将生产分散到小型生产商，并且削减多发飞机产量，进一步压榨战俘和外国劳工，不仅恢复了轰炸开始前的生产能力，实际上还极大增加了总产量。德国航空产业在这年里取得了惊人的成就，终于在飞机生产数量上反超英国，交付了39807架飞机。其中1944年9月的生产巅峰时刻，总共交付了3821架作战飞机。但因为英国航空工业更多生产重型轰炸机，德国飞机的交付重量仍低于英国。

还有另外的问题需要重视，德国的合成燃料工厂经常遭到盟军轰炸，导致产量大幅下降。为了维持飞行作战，德国空军只能消耗储备燃料。在 1944 年 5 月时，德国人还有约 580000 吨储备，到了 9 月已经

阿道夫·加兰德，1941 年末至 1945 年 1 月担任战斗机总监。他雄心勃勃，但又无力回天。

只剩约 180000 吨。

从 1943 年 9 月至 1944 年 10 月这 14 个月时间里，德国空军在西线总共损失了 14700 多架战斗机，包括战损和非战损在内。这个巨大的数字大约为西线战斗机平均保有量的 10 倍。东线另有接近 2300 架战斗机损失，相当于东线战斗机平均保有量的 6 倍。以寡敌众的恶果非常明显，只有运气好的精锐飞行员才能活下来，

新手和飞机都在迅速补充，再以同样快的速度损失掉。

德国空军的对手情况要好得多，以昼间战略轰炸核心的美国陆航为例。同样的时间段内，美国陆航在对德战场上总损失 6200 多架重型轰炸机、6600 多架战斗机，仅相当于平均保有量的 1.72 和 1.46 倍，总的作战架次损失率也要低得多。

加兰德致力于推动喷气战斗机发展，Me 262 的性能比活塞战斗机优越很多，但不具备足够扭转数量差距的性能优势，而且自身的各种问题也在拖后腿。

Me 163 火箭截击机，德国人试图挽回劣势的方案之一。火箭发动机作为动力系统缺陷太大，使得 Me 163 缺乏实用性。

88毫米 Flak 36 高炮阵地。高射炮的使用成本也不低，每次防空作战都会发射数以万计的炮弹，但与战斗机不同，它能稳定地给轰炸机造成损失。而战斗机的效率取决于飞行员水准，德国的菜鸟飞行员很快就会被击落，而他们几乎无法击落敌机。

需要拦截的不止是美国陆航的轰炸机，在夜间轰炸的皇家空军重轰只能靠高炮和少量夜间战斗机拦截。昼间战斗机虽然也能参加拦截，但效率很低。

低空飞行的"暴风"V，诺曼底登陆也影响了空战高度，皇家空军的"台风"、"暴风"、"喷火"LF 很快便在法国的前线机场运作，并随着地面战线逐步前进。

"诺曼底-涅曼"航空团的 Yak-3 战斗机，苏联的短程低空战斗机也在随着陆军前进。苏联空军缺乏合适的截击机，对德国空军残存的 He 177 重型轰炸机拦截效率很低，但对于苏联人来说这不算太大的问题。

这个阶段的空战证明了德国空军长期的战略错误，空军的整体实力严重不足，只够应对苏联空军和皇家空军，美国陆航的大规模加入等于立刻宣判死刑。虽然在这之后，得益于最后一次也是效果最好的生产扩展，到了 1944 年 11 月中旬，德国空军的战斗机部队终于大幅度提高到约 3300 架可用飞机，总保有量约 3700 架。这些战斗机配属在 18 个联队里，相比两个月之前的 1900 架左右提升了 70% 以上。

加兰德开始计划集中战斗机，给美国轰炸机一次重大打击，他也认为盟军也隐约感知到了这样的事件即将发生。加兰德可能太乐观了，他也不知道美国陆航此时有多少重型轰炸机——在 1944 年末至 1945 年初，美国的重轰保有量已经超过德国空军总飞机保有量，在 11 月达到了 12800 多架的巅峰。

美国陆航在欧洲和地中海战场上的飞机总况					
时间	作战飞机总保有量	重型轰炸机保有量	轰炸机当月总损失数	战斗机保有量	战斗机当月总损失数
1943 年 9 月	6354	1489	137	2459	241
1943 年 10 月	6582	1554	276	2775	190
1943 年 11 月	7395	1955	142	3077	147
1943 年 12 月	8237	2263	245	3456	173
1944 年 1 月	9644	2672	327	4111	261
1944 年 2 月	10897	2899	452	4730	307
1944 年 3 月	13163	3587	424	5345	333
1944 年 4 月	14169	4022	683	5415	527
1944 年 5 月	15461	4636	619	5295	748
1944 年 6 月	15210	4492	647	5102	956
1944 年 7 月	16485	4899	723	5535	672
1944 年 8 月	16913	5233	616	5444	835
1944 年 9 月	17027	5379	528	5416	599
1944 年 10 月	17959	5629	398	5641	643
1944 年 11 月	18134	5508	400	5797	562
1944 年 12 月	17787	5442	421	5574	622
1945 年 1 月	17575	5334	493	5614	522
1945 年 2 月	17906	5543	383	5668	571
1945 年 3 月	18367	5662	514	5806	688
1945 年 4 月	18736	5559	355	6003	668

注：包括作战和非作战损失。

眼下的情况是德国新手飞行员实力不足，仅仅靠那些王牌飞行员无法达成加兰德的计划。这个问题立刻就在战场上表现出来了。例如在11月2日，第八航空军派出1174架轰炸机，在968架战斗机护航下，兵分5路，轰炸多个德国境内的石化工业和铁路目标。

德国空军派出490架战斗机拦截。他们最开始获得了一定成绩，第3联队四大队的Fw 190突击机冲进第91轰炸机大队的编队，击落11架轰炸机，还撞掉另外2架。第4联队二大队也击落了9架第457轰炸机大队的飞机。然后美国护航战斗机出现，给德国战斗机造成重大损失，61架安装了额外装甲的笨重冲锋机被击落31架。其他战斗机损失多达89架，总战损120架。这么大的损失，再加上高射炮部队的防空作战，换来了美国人40架轰炸机和16架护航战斗机损失。

4天后，希特勒过目了战斗数据，即使是按德国空军的战报，他也对防御战的结果完全不满意。很明显，他认为让加兰德以更大规模执行计划只会导致更大损失，但仍然达不成目的。正好在这个月里，科特布斯的Ta 152生产线组建完毕，H-0型生产终于开始，而它还需要几个月才能形成战斗力。

随着盟军步步前进，德国空军的作战行动也开始转向低空。除了通常的保护机场以外，为了配合地面反攻，在1945年1月1日执行了"底板行动"，组织战斗机部队大规模攻击盟军前线机场，试图削弱盟军的空中优势，支援阿登反击战。这次作战中，发起突袭的战斗机部队在多个机场击毁大量盟军飞机，但自身也损失巨大，飞行员损失尤其惨重。

此时Ta 152即将交付，对于这种专业的高空战斗机来说，目前的空战环境完全不适合它的基础设计。其终极表现就是在1945年1月16日，诺伊豪森机场被美国战斗机攻击，14架Ta 152H损失在地面上。然而即使到了最后关头，帝国航空部仍然期望推进高空战斗机生产，这是件很不可思议的事。而后几个月里，美国陆航战斗机越来越多地攻击德国机场，扫荡作战终于在4月达到了巅峰，他们在这个月里声称在地面击毁3700多架飞机。虽然其中真实战绩已经无法核实，可也说明了德国空军的主要目标应该转为保卫机场，而不是到13公里高空去拦截不存在的敌机。

到柏林战役之前，德国空军都还没有完全放弃截击美国轰炸机。如果Ta 152H能继续交付，那么至少还能作为正常截击机使用，发挥一点余热。然而丢失生产基地彻底终结了它的截击机生涯，已经交付的少量飞机在低空鏖战到德国投降。

第三节　Ta 152的实际性能和对比

由于测试过程太仓促，Ta 152没有按照实际飞行测试数据绘制的包线。现存资料包括绘制时间在1943年9月4日，1944年5月28日、9月4日、10月1日，1945年1月3日和1月12日的估算速度包线。

其中，在1945年1月3日的估算文件里，飞机最大速度为750公里/时，临界高度9.1公里，使用GM1的情况下，可在12.5公里高度达到760公里/时，Ta 152H的最佳速度指标即来源于此。该文件中，Ta 152H-1的发动机使用2.03ATA进气压，上面注释Jumo 213E（以及Jumo 213A）按照1900马力的性能计算，可认为是发动机改装套件和MW50系统共同使用，但没有实际证据确定已有的Ta 152H使用过这种配置。

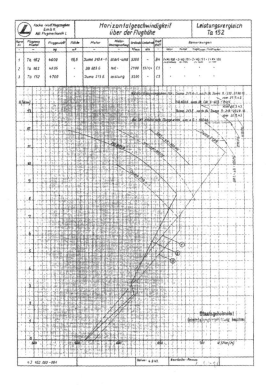

1943 年 9 月 4 日的早期性能估计包线，与此后的计划差距颇大。其中横轴是速度，纵轴是高度，表头是飞机型号、全重、翼面积、发动机型号、功率挡位、转速、进气压、燃料、武器装备，这也是福克-沃尔夫公司包线图的标准格式。注意此时还没有细分型号，机翼面积都是 19.5 平方米，只是按 Jumo 213A-1、Jumo 213E、DB 603G 发动机做了大致区分，而且所有发动机都预定配备 GM1 加力。

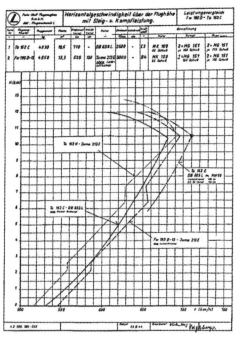

1944 年 5 月 28 日的估算包线，表头的项目同上图。注意上方的数据表中只有 Ta 152C 和 Fw190D-12，但速度和爬升率包线都有 Ta 152H。左侧爬升率包线的横轴是爬升率，纵轴是高度。此图中奔驰和容克斯发动机都按照较低的爬升和战斗功率计算，飞机性能也相对较差。

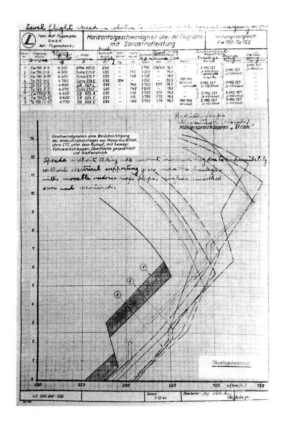

1944 年 10 月 1 日的估算速度包线。其中有 4 种 Ta 152，还有 4 种 Fw 190D。注意有两种 D-9 型搭配的是 DB 603 发动机，而非标准的 Jumo 213A。箭头所指的线是使用 DB 603E 发动机的 C-0 型，性能不佳，在这里的最大速度约 681 公里/时。

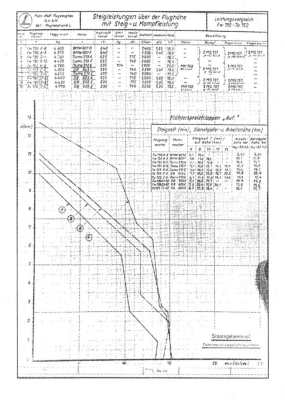

1944 年 10 月 1 日的爬升率包线，但仅有 Fw 190 系列的爬升率折线。Ta 152 系列只在右侧的爬升时间和升限表里有数据，仍然是以爬升和战斗功率计算，性能也不太好。

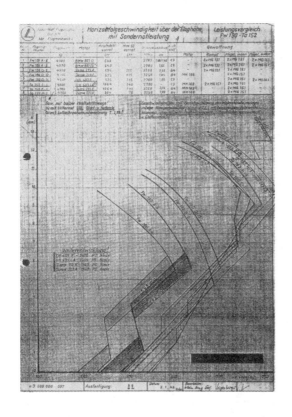

1945 年 1 月 3 日的估算速度包线，这是所有包线中性能最好的，其中包括了普通 Ta 152H-1 和预定使用 Jumo 213EB 发动机的 H-1 型，后者速度略微快一些。在 Ta 152C-1 的数据表中写着 C3 汽油，同时有 MW50 系统，全高度的飞行速度与 H 型相当。

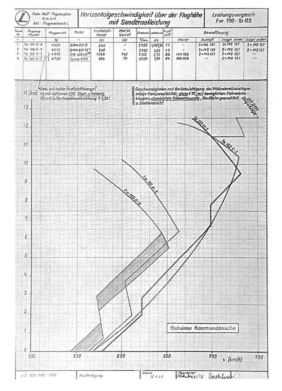

1945 年 1 月 12 日的估算包线，略微降低了发动机功率和性能，去掉了很多型号。Ta 152C 的燃油改成了 B4。可以比较清楚地看到使用 DB 603L 的 C 型与 H-1 型速度性能很类似，临界高度差距也较小，但奔驰发动机的液力传动变速增压器让速度包线呈现平滑曲线形态，没有切速点。能不能真正实现这个指标已经无法确证了——现在没有足够的 H-1 型测试记录留存。

最后，1月12日的估算包线略微降低了飞机性能，发动机进气压下降到1.92ATA。在这种状态下，Ta 152H的最大速度为732公里/时，临界高度为9.5公里。而在使用GM1加力的状态下，可在12.5公里高度达到752公里/时。

值得注意的是，这两次估算的飞机临界高度有些微差距，而且从临界高度本身来看，都按照Jumo 213E发动机可在三速使用MW50系统进行估算，所以与现存的Jumo 213E发动机功率曲线略有冲突——功率曲线是按照三速不能使用MW50来绘制的。

已知V29/U1原型机有一个实际测试结果：该机在1月31日的试飞中，在10800米高度达成708公里/时的成绩。按照已有发动机静态空气功率曲线，加上冲压效应进行估算的话，结果会与此次实际测试拟合得比较好。可以认为，这个高度即Jumo 213E在增压器三速不使用MW50情况下，以起飞和应急功率挡位进行平飞时的临界高度。

埃里克·布朗称在35000英尺（10668）米飞达到每小时684公里的速度，这个指标比德国测试结果和估计速度包线都要低。因为这实际上只是布朗的粗略估算，不应作确实的飞行速度采用。此外，"喷火"XIX型的发动机只有二速增压器，临界高度较Ta 152H低，实际上在这个高度还达不到每小时684公里的速度，而不是反而比Ta 152H更快。

基于以上资料和问题，笔者按照可能的情况重新绘制了发动机功率曲线和12公里高度以下的速度包线，便于与其他战斗机做对比。其中飞机的最大速度按照1月3日的较高估计拟定，为每小时750公里/9.1公里高度，区分了有无MW50系统和可否在三速使用MW50系统的情况，以细线和虚线表示。交付的部分Ta 152H-0安装了发动机改装套件，它们应当能达到图中不使用MW50时包线的水平。不过发动机功率曲线仍按照已有的Jumo 213E功率曲线绘制，没有按照1月3日估算里可能的最大2150至2200马力来计算。

虽然1944年5月28日的估算包线包括了Ta 152H在8.5公里以上的爬升率，但由于时间太早而不能采用。同样由于缺乏飞行测试，在服役后，Ta 152H仍无可靠的爬升率包线或者爬升性能指标。

可以确定的是，V29/U1原型机在1945年1月20日的升限试飞中，海平面爬升率为每秒16.8米，2500米高度的爬升率为每秒16米。后者大致是增压器一速在低速飞行时的临界高度，由此可进行大致估计，绘制Ta 152H-0的爬升率包线，并以此推算使用MW50系统时的性能。由于Ta 152H-1增加了装备，起飞重量比H-0型多10%，同功率下的爬升率也会在全高度有相应下降。而如果发动机功率能增加到1月3日估计的水平，那么H-1型的爬升率应当可以恢复到这个水准。

因为使用DB603L的C型并未实际交付，而且估计的速度指标与H型相当，此处不再进行额外比较。只是需要注意，短机翼的C型盘旋性能远比H型差，甚至比Fw190D系列更差，不过C型滚转率会较H型更好。此外预生产型的C-0预计配用一级增压的DB 603E，相较之下，它的高空性能相当差。

在对手方面，Ta 152服役时，P-51"野马"是盟军方面综合性能最出色的型号。虽然"野马"后期改型使用的V-1650发动机的绝对功率并不是很高，但它单位功率大，尺寸小，能保证必要的动力并有助于减小飞机阻力。再加上P-51的气动设计杰出，零升阻力系数是当时战斗机中最小的，这让"野马"可以凭借较小的功率达成相当高的性能。

P-51D 和早期批次的 P-51H 对比，后者在很多地方进行了修形。"野马"拥有均衡的高飞行性能、出色的操纵性、良好的生产性和维护性，对得起"最佳活塞战斗机"这个称号。

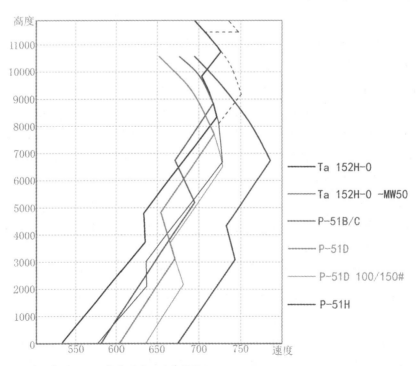

"野马"对 Ta 152，速度对比。（见彩插）

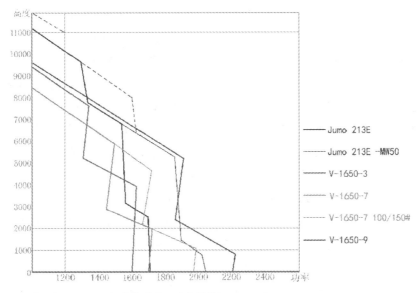

"野马"对 Ta 152，爬升率对比。（见彩插）

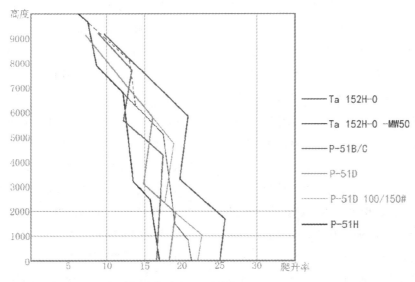

"野马"对 Ta 152，发动机功率对比。（见彩插）

　　由于存在很多宣传性质比较浓厚，而且完全忽略高度性能的说词，Ta 152H 给人一种性能特别好的印象。但实际上 Ta 152H 是一种专用于极限高度的截击机，只有在这样的高度才有性能优势。Ta 152H-0 型在当时空战发生的主要作战高度上，速度和爬升率两项主要性能相对

1943 年末服役的 P-51B/C 只能说旗鼓相当。比起 1944 年中期开始交付的 P-51D，尤其是换用 100/150 号汽油增强中低空性能之后的时期，H-0 型的劣势较大，必须有 MW50 系统的 H-1 型才能弥补一部分差距。

　　1945 年初交付原型机的 P-51H 进行了大量

气动修形，其搭配的的 V-1650-9 发动机终于加装喷水系统。几个月之后量产型交付时，美国陆海航开始使用新一代 115/145 号汽油，使得 V-1650-9 发动机功率有明显增长，甚至在一速最大功率上，反超了排量大很多的 Jumo 213。这些升级使得 P-51H 在 9000 米以下的高度有明显优势，而且高度越低，优势越大。

汽油是德国空军最大的问题，无论是供应量还是性能，都不尽如人意。受限于煤化油工业的产能，在战争时期，只有德国空军给前线战斗机同时供应两种性能差距很大的汽油。液冷发动机主要使用 B4 汽油，只有 87 号至 91 号的性能水平。风冷的 BMW 801 使用 C3 汽油，因为风冷发动机的热交换性能较差，而且单汽缸排量较大，必须要求抗爆震性能更好的汽油。另一个因素是奔驰发动机在 1941 年转用 C3 汽油时，出现了滑油稀释的问题，也促使帝国航空部将 C3 汽油优先供应给宝马发动机使用。按照英国测试的缴获样品情况，C3 汽油在 1943 年达到了 97/125 号的性能水平，与盟军的 100/130 号相当，此后性能继续提升，但详细指标尚不明确。

奔驰和容克斯两家公司一直想给自己的发动机更换 C3，但在 BMW 801 系列全面退役之前这不可能实现。Fw 190D/Ta 152 系列转用液冷发动机给奔驰和容克斯创造了使用 C3 的条件，但终究没能在德国战败前达成这个目标。

只能使用 B4 汽油的 Jumo 213E 发动机的功率不算太高，所以它必须要有 MW50 系统强化动力输出。B4 加 MW50 系统也能提供相当于 C3 汽油的性能，但如果发动机要继续增加功率的话，C3 汽油是必须的。

谭克博士遭遇"野马"的故事版本有很多种，细节上有些差异。例如有说遇到的是 2 架"野马"，有说是 4 架。有的没有说他驾驶的是什么型号，有的说是 Ta 152H-0。还有说法称后来美国杂志刊登了这个事件，不知所措地解释为什么德国飞机能飞得那么快。

现在我们很明确的知道，在同样即无外挂、最大功率的条件下，Ta 152H 和 C 型在低空都要比当时的 P-51D 飞得更慢。不过"野马"在护航任务中都会挂载 2 个副油箱，即使抛掉，也会留下 2 个挂架，如果是扫荡任务，可能会挂载火箭或炸弹。此外，经过一段时期使用的战斗机，会因为蒙皮状态劣化或发动机磨损而性能降低。因为不同细节的故事都没有具体日期，完全不可查证当时有哪些部队的"野马"以什么样的状态，又是何种配置执行任务。

德国方面也有一些可探讨的可能性，例如 DB 603E 在使用 C3 汽油和 MW50 系统时，可达到最大 2400 马力的功率。虽然仅停留在测试阶段，这种配置的 Ta 152 V6 号原型机在海平面达到 617 公里/时，比有挂架的"野马"更快速。如果这个故事本身没有问题，谭克博士很可能驾驶的是 V6 号原型机，而非 H 型的某架原型机。

在滚转率方面，Fw 190 系列采用的连杆操作系统比较有优势，虽然 Ta 152 由于翼展大幅度增加，滚转率也下降了很多。但就已知的一个测试数据来看，即在 500 米高度、表速 470 公里/时下滚转率与 P-51 相当。后者在相同表速、3050 米高度下为每秒 90 度左右。

P-51 的重量比 Ta 152 系列更轻，早期的 B 型正常起飞重量为 3820 公斤，多次改进增重后，到了 D 型为 4420 公斤左右。在盘旋性能方面，"野马"的层流翼低速升力性能略差，而凭借普通翼型再加上超大展弦比的机翼，Ta 152H 在中低速盘旋上的性能有很大优势。但在高速下，尤其是俯冲大表速时，受 5G 设计载荷限制，Ta 152H 可达到的最大角速度较差。而 P-51 的设计标准是轻载状态下 8G，正常起飞重量下超过 7G。

关于俯冲问题，Ta 152H 的俯冲限速为 750 公里/时，低于 P-51 的 813 公里/时。750 公里/时是德国活塞战斗机的传统限速，这个数据的参考意义有限。因为 Ta 152 还有稳定性问题，因测试不足，现在缺乏详细的俯冲资料。实际上，P-51B/C/D/K 型加装的机背油箱同样也导致了飞机俯仰不稳定，美国陆航很快便要求飞行员在大幅度机动之前，先确保用掉这个油箱中的大部分汽油。实际运作中，在美国陆航的远程护航任务里，战斗机飞到目标时，燃油经常已经消耗到了合适水平。P-51H 型为改善不稳定的问题增大了机翼油箱，减少机背油箱容量，这个处理方式与 Ta 152 的基本相同。

航程方面，Jumo 213E 发动机在起飞功率下每小时消耗 640 升汽油，爬升和战斗功率的油耗为每小时 555 升，最大持续功率则为每小时 375 升。经济巡航功率的转速只有每分钟 2100 转，以此转速，在增压器一速时，发动机输出功率为 800 马力左右，油耗为 215 升/小时。以上油耗数据允许有增大 14.5 升/小时的波动幅度，不超过此数即可认为发动机正常运转。

以 Ta 152H-1 型的最大 995 升内油量，在经济巡航状态下可使用 4.6 小时左右，在不同高度上可保证 1500 公里至超过 2000 公里的巡航航程。但需要注意的是，由于机翼油箱是无防护的，如果在空战前没有耗尽，那会是个相当危险的因素，极易被穿甲燃烧弹打起火。

得益于奔驰的技术路线，DB 603E 的油耗低于容克斯发动机，在起飞和应急功率下为最大每小时 565 升，最大持续功率下为每小时 330 升。Ta 152C 凭借发动机油耗更低，即使搭配的是短机翼，也可保证与 H 型相当的航程性能。

早期型 P-51 机内油箱容量为 681 升，分别储存在 2 个等量的机翼油箱内。接着为了实现

给轰炸机全程护航，已经交付的 B/C 型在战区改装了机背油箱（在后期批次和 D 型上是标准配置），加上这个油箱之后，飞机内油总量为 1018 升。在两种不同的油箱配置下，分别略多于 Ta 152H-0/H-1。"灰背隼"/V-1650 系列发动机的经济巡航油耗与 Jumo 213E 相当，在满 1018 升内油，并且保留一定余量的情况下，P-51 系列型号可在高空有超过 2100 公里的巡航航程。

可以说在 Ta 152 上，德国空军的单发战斗机第一次拥有可观的航程性能，实际上也与著名的"护航战斗机"P-51 相当。这么远的航程可以满足对英国的攻势作战，设计之初也有类似的考虑，如果攻击英国本土目标，Ta 152 能给德国轰炸机全程护航。但就 1945 年的情况来讲，飞机内油量过剩，机翼油箱缺乏使用价值。

另外两种"原"高空战斗机，即使用废气涡轮的 P-38L 和 P-47D 两种美国型号。它们相对于 Ta 152，在性能方面也比较类似。因为 1944 年换用的 100/150 号汽油增加了发动机功率，它们的中低空性能较德国战斗机好，或者至少相当，而极限高度上较差。因为这两种型号在 1945 年已经主要在第九航空军服役，用于对地支援和其他战术任务，战斗机空战相对较少，不再进行细节对比。

前文已经提到过，P-47M 是唯一与 Ta 152 可比的高空战斗机。第八航空军仅剩的 P-47 战斗机大队，第 56 大队装备了这个型号。

大型废气涡轮赋予 P-47M 出色的全高度性能，新发动机可将 2800 马力的战斗动力从海平面稳定的保持到近万米高度，相对于每一次变速都会增加功率消耗，而减少实际输出功率的机械增压发动机，废气涡轮增压在高空的优势体现得淋漓尽致。虽然废气涡轮会减少排气推力，而且 P-47 的尺寸过大，废阻也较大，但共和飞机公司在 1944 年 10 月提出的估计数据里，

M 型仍然达到了相当高的性能指标。

开启喷水系统时，M 型可在 9750 米的平飞临界高度达到每小时 761 公里高速，海平面速度则为 587 公里/时。以不喷水的 2100 马力军用动力挡飞行时，平飞临界高度达到 11800 米，速度为 743 公里/小时，海平面速度为 533 公里/时。M 型的战斗重量达到 6007 公斤，拖低了爬升率——海平面为每秒 20 米，随着高度上升缓慢减少，到 9750 米时还有 11 米/秒。这个速度和爬升率指标意味着 P-47M 几乎在全高度上与 Ta 152H-1 相当，实际生产型的性能通常比估测数据略低，但双方拉不出明显差距。而后者的优势主要仍然是 GM1 加力系统，能在开启 GM1 的更大高度上明显占优。

在其他飞行性能上，Ta 152H 的主要优势是盘旋和滚转。P-47 系列是欧洲战场上盘旋性能最差的战斗机之一，最多勉强与 Fw 190A 平手，比 Ta 152H 差很多。P-47 的滚转率也比较低，在 3050 米高度、470 公里/时表速下滚转率只有大约 80 度/秒。而可观的重量和坚固的结构使得 P-47 系列拥有出众的俯冲性能，D 型的最大限速为每小时 805 公里，俯冲加速也比较快。甚至有飞行员声称在"雷电"上俯冲超过了音速（当然也可能是飞行员的夸张说辞）。

相对的，P-47M 的部分特点更类似于 Ta 152C（装备 DB 603L 时），它们有近似的临界高度和平飞速度特性，而且都没有配备增压座舱，在技术上并非完善的高空战斗机。此外 C 型的盘旋性能很差，也可以与 P-47M 相提并论。

此外，P-47M 的主要缺点是航程太近，它的内部油箱沿用了 P-47D 的配置，容量约为 1400 升。这个数字虽然可观，但大功率发动机的油耗也特别高，实际作战半径低于 P-47D，这让 M 型很难参加远程护航。而后的 P-47N 型采用了增大面积的新机翼，改善了滚转率，同时

加装机翼油箱，内油量达到 2100 升。增加的重量降低了飞机性能，但 N 型更适合美国陆航的作战情况——护卫着重型轰炸机深入敌境。投产更晚的 N 型配属给了太平洋战场，没有参加欧洲作战。

M 型在战区遇到不少问题：运输和储存流程失误导致发动机汽缸锈蚀、通用电气的涡轮限速器滑油泄漏、喷水系统不稳定等。第 56 战斗机大队的使用方式加重了故障，飞机搭配的 R-2800-57 发动机预定使用 100/130 号汽油和喷水系统，在 72 英寸汞柱进气压下输出 2800 马力。但第八航空军此时供应的是 100/150 号汽油，于是在经过简单测试过后，第 56 战斗机大队自己将进气压增加到了 76 英寸汞柱，实际输出约 3000 马力。这个措施额外增加了发动机负担，带来的故障进一步减少飞机出勤率，以至于该大队只能继续使用 D 型执行任务。

因为以上各种原因，再加上 Ta 152H 也是个稀有型号，两种飞机的数量相对于战场规模来说都太小，它们没有运气好到在战场上遭遇。而且就此时的作战环境来说，它们更不可能在 10 公里以上高空遭遇。

自从"喷火"IX 低空型服役之后，皇家空军的战斗机中队逐渐换装该型号。由于产量大而损失较少，到了 1944 至 1945 年战争最后的时期，它仍然是主力战斗机。更新的"喷火"XIV 型是临时过渡型号，于 1943 年 10 月投产，总共制造了 957 架，对应的 XIX 侦察型产量为 224 架。而使用"狮鹫"发动机的正式后继"喷火"21 型拖到 1945 年 1 月才交付，由于战争形势明显，订单被大幅度削减，产量低至仅有 120 架。

"喷火"IX 低空型在配用 100/150 号汽油之后，低空性能仍不亚于德国新型战斗机，甚至部分指标更高，但高空性能相对不足。由于 IX 型比较古旧，性能也已经落后于时代，在此以

第 56 战斗机大队的 P-47M，M 型并不是当前美国陆航需要的型号，总产量只有 130 架。

1944 年初交付的 XIV 型作为比较对象。

　　这里要提到英国航空工业的特点：在战间时期规模不大，飞机设计人员数量较少，在各种飞机设计里反映出欠缺优化，阻力系数较高的倾向。但英国的航空活塞发动机性能较好，同时有强劲的石化工业支撑，以发动机功率弥补了飞机气动水平的不足。

　　"喷火"XIV 可算其中的典范，它需要 RG.4 系列的"狮鹫"发动机超过 2000 马力的功率，才能达到"野马"只需要 1700 马力就能达到的飞行速度，且不论"野马"的浸润面积更大，重量也更重。XIV 型在服役时使用标准的 100/130 号汽油，在 9 公里以下高度，与 Ta 152H-1 的速度相当。1944 年中期也随着换装 100/150 号汽油，在发动机测试时，"狮鹫"可以用新汽油在 +25 磅/平方英寸进气压下输出 2400 马力，但早期批次发动机的轴承强度不足，换装初期只能限制在 2220 马力输出功率下使用。后期的"狮鹫"发动机加强过轴承，但这些发动机有多少安装在了"喷火"XIV 上现无法考证，只能确定后继的"怨恨"安装的都是新批次发动机。另一个值得注意的点是皇家空军比较注重飞机的维护，虽然进行过测试，但在战争中始终没有推广安装水/甲醇加力系统。较早的时候，皇家空军也测试过液氧喷射之类的高空加力系统，同样没有实际装备。在 150168 号 Ta 152 抵达英国后，当然没有对应的 MW50 和 GM1 喷液可供使用。

　　在爬升性能上，得益于"喷火"XIV 型只有 3850 公斤的正常起飞重量，整机功重比相当高，该型号是当时爬升率最高的战斗机之一。即使是较轻的 Ta 152H-0，也要比"喷火"多出 23% 的重量，在爬升上自然远逊于"喷火"。

Ta 152 在中低空的主要特点，即盘旋性能，比起标准机翼的"喷火"也没有多少优势，后者的翼载一直比较低——在设计时选用了较低相对厚度的机翼减小阻力，为了保证低速升力特性，又有很大的机翼面积，达到 22.5 平方米。埃里克·布朗对这个项目的评价比较可靠，他认为"喷火"在 30000 英尺（9144 米）以下更好，二速增压的"狮鹫"发动机在这些高度能维持功率输出，到了更大高度三速增压的 Jumo 213E 就会让 Ta 152 领先。不少德国飞行员认为盘旋性能较好的"喷火"难以对付，在他们对 Ta 152H 的评价中也反映了这个问题。

但裁剪翼的"喷火"XIV 在盘旋性能上就缺乏优势了，裁剪翼的设计目标是在性能上针对 Fw 190A。在中低空空战中，裁剪翼"喷火"可在滚转率上接近 Fw 190A 系列，但展弦比较低，

不适合高空使用。出于针对 Fw 190 和 Bf 109 系列的作战要求，裁剪翼"喷火"在前线数量较多。相应的，这种"喷火"在滚转率上比 Ta 152H 好，而标准机翼的"喷火"滚转率则低于 Ta 152H。以前高空型战斗机使用的延展翼尖组件不再使用，它们现在毫无用处，尽管这个组件可以加强低速盘旋性能。

即使"喷火"的临界马赫数在活塞战斗机里是最高的，但从 I 型开始就有些不稳定倾向，而且升降舵反应过于灵敏，安全因素导致其俯冲限速比较低。这个问题随着"喷火"的发展逐步改进，俯冲限速在每个主要型号都会增加一次。到了 XIV 型，俯冲速度限制在 756 公里/时，与 Ta 152 相当。

Ta 152 在航程上的优势比较明显，"喷火"XIV 型继承了短程传统，增加油箱之后，内油

1945 年 4 月拍摄的后期批次"喷火"XIV 战斗侦察型。这架飞机有气泡座舱盖、裁剪机翼、后机身倾斜照相机，还挂载了一个流线型副油箱。一些"喷火"XIV 中队被编入第 2 战术航空军，在诺曼底登陆后抵达欧洲大陆。

"暴风"V编队。在前线，"暴风"比"喷火"更管用，它的火力更强，可挂载更多火箭和炸弹进行对地攻击。"暴风"就在低空任务中与 Ta 152H 打了一场宿命的空战。

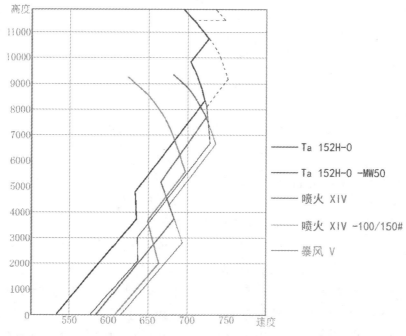

"喷火"和"暴风"对 Ta 152，速度对比。（见彩插）

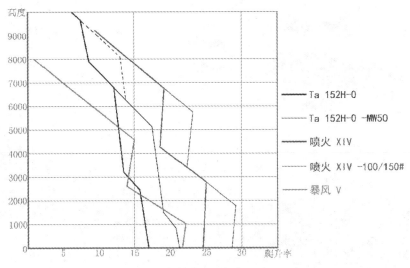

"喷火"和"暴风"对 Ta 152，爬升率对比。（见彩插）

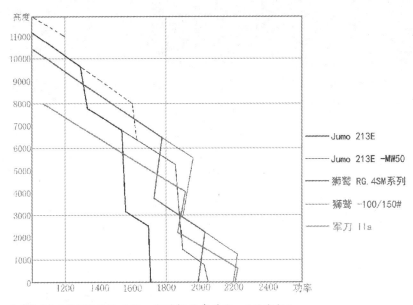

"喷火"和"暴风"对 Ta 152，发动机功率对比。（见彩插）

量仍只有 505 升，在 6.1 公里高度经济巡航的航程仅为 946 公里。所以直到诺曼底登陆过后，皇家空军的各种"喷火"战斗型才能再度大规模参战。德国空军第 11 联队的联队部在最后的转场飞行时遭遇的"喷火"型号不明，此时前线有三种战斗型：IX、XIV、XVI。联队部的 Ta 152 原型机很可能缺乏战斗力，这次详情不明的空战也不能认为是正常交手。

1945 年初服役的"喷火"21 型发动机仍是 RG.4 系列，功率与 XIV 型相同。主要改进是通过增大螺旋桨直径，降低传动比略微提升了速度，21 型的平飞速度比 XIV 型快 10 公里/时左右。21 型的主要改进是换用新机翼，不再区分标准型、裁剪翼、延展翼尖。新机翼的副翼经过重新设计，提高了大表速下的滚转率，但小表速下滚转率反而降低。另外飞机俯冲限速提高到了 837 公里/时。火力增强到 4 门航炮，对应的飞机重量增加到 4160 公斤，爬升和盘旋性能有所下降。因为整体性能与 XIV 型比较类似，其优劣点相对 Ta 152H 也很类似。

"暴风" V 本不该出现在这里，之所以用它来做比较，完全是由于 Ta 152H 最著名的空战就是与"暴风" V 交手。作为"台风"的后继者，"暴风"是一种尺寸较大的中低空战斗机，搭配一台"军刀"发动机。"军刀"是英国新发动机技术的代表，它一种套筒滑阀发动机，这类发动机从汽缸侧面进排气，与普通提升阀发动机结构差距很大，在换气和抗爆震性能上有明显优势。这种特点使得套筒滑阀发动机可以用较低的排量输出更大功率，但劣势是对发动机材料、加工精度和生产质量要求更高。

"军刀"在 1941 年末随着"台风"战斗机投入使用，作为世界上最早通过 2000 马力型号测试的航空液冷发动机，它本该让皇家空军在战斗机性能上获得很大优势，毕竟德国空军第一种实用的同级别发动机是 Jumo 213A，还要等到 1944 年末的 MW50 改装套件才能超过 2000 马力。但套筒滑阀发动机的技术难度太大，"军刀"的可靠性相当差，一直拖到 1942 年才勉强允许它随着"台风"正式入役。再加上"台风"的基础设计也有很大缺陷，导致皇家空军只能继续用"喷火"作为主力，而"台风"也被扔到一边，去执行对地攻击任务。

对皇家空军来说，这是个糟糕的情况。而且"军刀"也多少有点影射德国人的各种"末日计划"：以先进而复杂的技术，打造出缺乏实用性的装备。"台风"一路改进到"暴风"之后，飞机气动和发动机本身的可靠性终于得到有效改善，让"暴风"成为一种实用的高性能战斗机。

在 30 年代末，"军刀"开始设计时，皇家空军缺乏高空作战需求，只需要一级增压器的发动机。而后的几年里，量产型发动机遇到的可靠性和工艺问题又急需改进，这个过程消耗了纳皮尔公司大量人力资源，结果就是在战争期间二级增压型号只进行了测试，交付的发动机都是一级二速增压。

于是"台风"和"暴风"两种型号毫无高空性能可言，超过 5500 米左右的临界高度之后，飞机性能便快速下降。1944 年夏季过后，"军刀"配用 100/150 号汽油时，可增加功率到 2400 马力左右，"暴风"能在海平面达到 630 公里/时的性能。因为低空性能优越，"暴风"比其他盟军战斗机更容易追上 V1 导弹。

德国人对敌机的性能估计完全是按照自己的发展思路，所以雷希林测试中心认为"暴风"会增强高空性能。他们甚至还认为"野马"会安装"狮鹫"发动机，而且临界高度会增加到 10.2 公里，但既没有这种型号投产，二速增压的"狮鹫"也没这种能力。总之，与雷希林测试中心一厢情愿的臆测完全不同，"军刀" VI 型是装备环形散热器的型号，本身功率同"军刀" V 型，并没有大量生产装备。V 型发动机相对于 II 型的改进如下：加强发动机组件以配合进气压和转速增长；使用了新型号的轴承；改进了火花塞来配合新的高空点火系统；增压器双进气口改为单进气口，二速增压器传动比从 1:4.48 和 1:6.26 改为 1:4.68 和 1:5.83；加压化油器改成了单点燃油喷射；增加自动混合比控制系统。

改进结果是从 IIA 型的 2235 马力增加到 2600 马力，但临界高度基本不变。装备"暴风" VI 型战斗机之后，进一步提高了飞机的中低空性能，而不是将临界高度增加到雷希林测试中心预测的 8000 米。

由于起飞重量超过 5200 公斤，"暴风" V 的爬升率很一般，而且盘旋性能较差，勉强比 Fw 190A 和 P-47 稍好。"暴风"的一大优势是俯冲限速相当高，达到 869 公里/时。与雷斯基空战时，欧文·米切尔没有想办法利用"暴风"的速度优势脱离，或者拉开距离后再度寻找机会，而是继续在低空转弯盘旋，这是一个致命的错误。

皇家空军飞行员与德国战斗机盘旋空战的例子并不少见。英国战斗机，主要是"喷火"和"飓风"，在盘旋性能上长期占优，"台风"凭借较大机翼相对厚度，盘旋性能也很不错。"暴风"采用了相对厚度较低的机翼，盘旋性能有所下降，但仍能与 Fw 190A 进行狗斗。

第 56 中队的加拿大飞行员 D. E. 尼斯（D. E. Ness）中尉在 1944 年 9 月 29 日所作的空战报告可以作为范例：

我飞的是"蓝 2"号，当我的小队开始格斗时，我向 3 个飞过的德国佬开火，但没有命中，然后赶上了与我同向飞行的一架。我以大约 300（英里/时，表速）的速度稳定地追上敌机。他看见了我，半滚并开始俯冲，但我能跟在他后面，虽然俯冲加速开始时他略微拉开了距离。他俯冲穿过薄云。当我们突破云层时，他与我的航线夹角是 20 度，在前面大约 300 码处，仍然大角度俯冲。我打了个快速射击，但提前量不够。然后我靠近到大约 100 码，打了 3 秒钟点射，以 10 度、1/4 个瞄准光环的偏差角，看见机身右侧中弹。这架敌机继续俯冲，撞在地面上，爆炸了。这个战绩由科特斯·普雷迪少校确认。

然后我爬升到 3000 英尺，看见另一架 Fw 190 比我低 1000 英尺，向基地方向俯冲脱离。我快速追上去，飞到大约 350（英里/时表速），当我靠近时，他转向我。我从大约 200 码的

距离打了个 1 秒的点射，20 度偏角，没有命中。然后我们开始了盘旋大战，持续了 4 分钟，主要在树顶高度，德国佬似乎很焦虑地想回家。我发现能在盘旋中咬住他，最终我打了 3 个短点射，看见炮弹命中右翼，还有一大片零件从左翼掉落。我发现两架飞机都拉出了水汽尾迹。德国佬随后爬升并小半径急转，我立刻跟着他机动。第二次我超越了目标。转回来进行最终攻击，此时我看见他的座舱盖飞了出去，飞行员跳伞，降落伞打开时，敌机转向朝我俯冲。我进行规避机动，敌机飞过并继续朝地面俯冲。

我声称击毁 2 架 Fw 190。

以此战例的情况来看，4 分钟持续盘旋足以证明"暴风"的盘旋性能与 Fw 190A 没有明显差距。我们现在无从得知过往空战经验对米切尔产生了多大影响，他可能认为这是合适的措施。而新西兰记者伊恩·布罗迪的文章可以说明，米切尔在毕业后作为教官一直留在后方，飞行时间很长，但缺乏实战经验。最致命的一点是盟军飞行员不知道 Ta 152H 的存在，他们自然也不知道 Ta 152H 的盘旋性能明显超过 Fw 190 和"暴风"。在上面这个例子中，如果尼斯中尉面对的是 Ta 152H，那他也不会有什么好结果。

Ta 152H 的主要声称战绩是苏联战斗机。各种型号的雅克和拉沃契金都是中低空战斗机，其中较陈旧的 Yak-9 型号在低空的速度已经不比 Ta 152H 快，但最新的 Yak-3、Yak-9U、La-7 这些型号，在低空，尤其是 2 公里以下高度的性能都强于 Ta 152。

有很多人认为 Ta 152 来得太晚、数量太少，但实际情况未必如此，甚至可能反过来。因为 Ta 152 原设计方案追求超过实际需求的高空性能，导致它中低空性能严重不足。令人诧异的是，帝国航空部甚至到了最后几个月还认为需

要这样的飞机，继续推进高空型发动机装机，这显然是毫无意义地浪费资源。

从作战需求的角度看，1945 年交付时，德国空军不再真正需要 Ta 152 这样的高空战斗机，甚至也不一定需要盘旋性能出色的战斗机——从战争开始时，德国战斗机的盘旋性能就长期差于英国和苏联型号，且不说活塞时代以航炮为基础的空战战术里，速度比盘旋性能更为有效。

假设 Ta 152 提前一整年，在 1944 年初服役，它也没能力在正常作战高度提供足够的性能优势——仅仅是旗鼓相当或者稍好的性能水平不可能扭转整体差距，况且这种比 Fw 190A 更复杂的飞机可能会减少战斗机总产量。

总的来说，Ta 152 项目是计划赶不上变化的典范，尤其是在美国陆航决定不在欧洲投入 B-29 的情况下。不过它仍然可发挥一定作用，如果侦察机型号能量产服役的话，它能有效利用这种高空性能优势，在万米以上高空侦察拍照，让盟军难以拦截。

除此之外，Ta 152 系列还有内部武器众多提供的火力优势，超过盟军和德国的其他单发飞机。B/C 系列无疑是很合适的"驱逐机"。用作重型战斗机时，虽然飞行性能不如 Do 335，至少也比此前的德国双发战斗机和 Bf 109、Fw 190A 系列更好。后两者经常需要挂载航炮吊舱，导致性能下降严重。

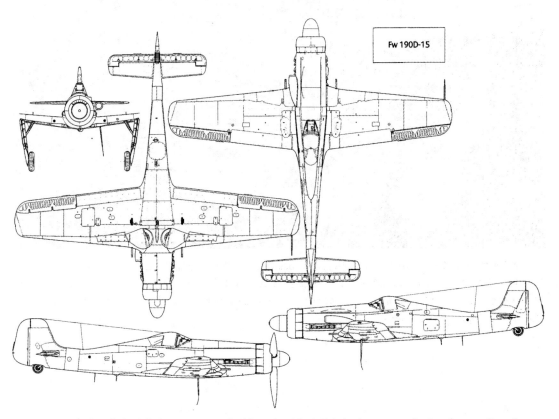

Fw 190D-15 线图。这个型号使用 DB 603E 发动机，与预定的早期批次 Ta 152C 相同。在 1945 年 1 月 3 日的估算包线中，D-15 型按照 C3 汽油加 MW50 系统计划，最大功率有 2400 马力。这是德国空军可能获得的性能最好的中低空战斗机，而且所用的组件比 Ta 152 更简单——一种更换发动机和汽油的 D-9 型。但这个方案没有被选中。

而仅限于战斗机空战这个方面，Fw 190D 系列无疑是更好的选择。相对于 D 系列，Ta 152 各型号的特点是加大机翼后带来的额外内油，以及加长机身才能安装的大型 MK 103 轴炮。抛开飞机稳定性问题不谈，Ta 152 的这些设计特点带来了额外重量，在可选配发动机相同的情况下，Fw 190D 系列必然拥有更好的飞行性能。

而且 D 系列有额外的优势，它有更多组件与 A 系列相同，已经在几个月之前建立起生产线，并且正在大批量生产。德国空军战争末期的主力战斗机之一，Fw 190D-9 安装的是 Jumo 213A 发动机，这个型号在低空的功率比 Jumo 213E 更大，使得 D-9 型更适合战争最后一段时间的空战形势。

留存至今的唯一一架 Fw 190D-13。这个型号使用 Jumo 213F 发动机，即拆掉中冷器的 Jumo 213E 型。D-12 和 D-13 型差距很小，主要是轴炮型号不同。D-12 型在 1945 年 1 月 3 日的估算包线中是速度最快的型号，理所当然地超过了 Ta 152。使用 Jumo 213 的 D 系列在 3 月 29 日的会议上成了 Ta 152 的替代者，然而它本来是会被 Ta 152 取代的型号。

附录 彩插图片

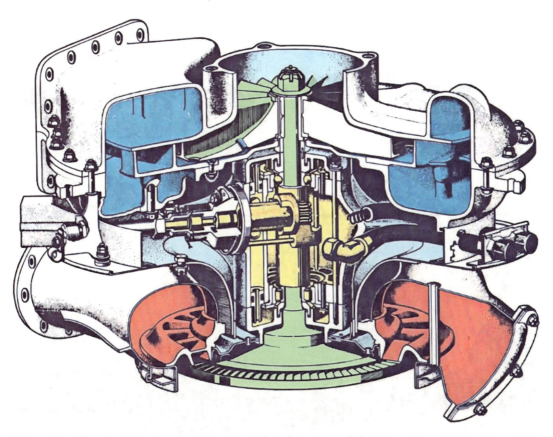

典型的废气涡轮，通用电气的 B 系列剖视图。图中红色是废气，蓝色是增压空气，浅蓝色是冷却空气，黄色是滑油。绿色是转子，上半部分是离心叶轮，下半部分是废气涡轮。废气涡轮是最好的高空增压方式，但德国缺乏稀有金属进行量产，只有使用机械增压。

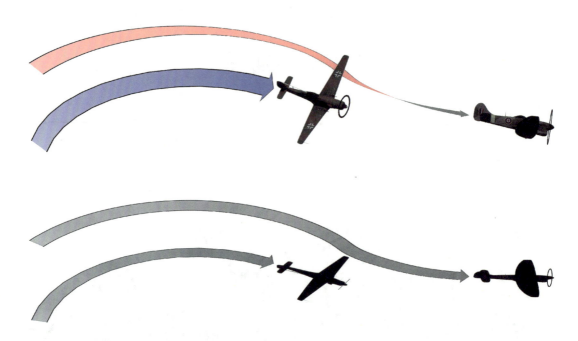

雷斯基的 Ta 152 和米切尔的"暴风"对决的最后一刻。

雷斯基座机"绿色 9"号涂装式样。

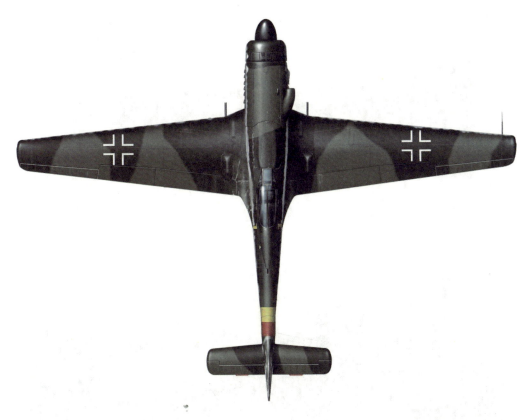

Ta 152H 涂装范例，可见 RLM 76、RLM 82、RLM 83 号色。

涂装范例侧视图，第 301 联队三大队的"黄 1"号。

联队部小队的识别带样式，绿色数字加绿色细色带。

第 301 联队的涂装范例，这是一架 Fw 190A-9/R11。

弗里茨·奥夫海默的橙红色 Ta 152H 涂装式样。有人质疑这个涂装是不是真的存在，这个事件确实有些讲不通的地方，例如他要为了一次飞行重新涂装全机，然后又要改回迷彩色。

注：以上涂装范例图参见 Thomas H. Hitchcock *The Focke-Wulf Ta 152* 一书。

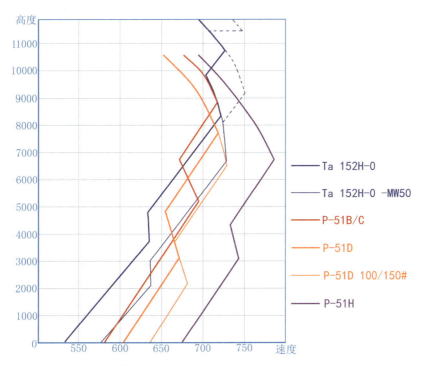

"野马"对 Ta 152，速度对比。

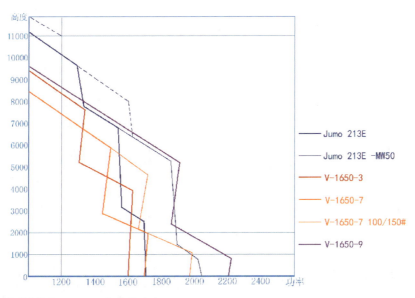

"野马"对 Ta 152，爬升率对比。

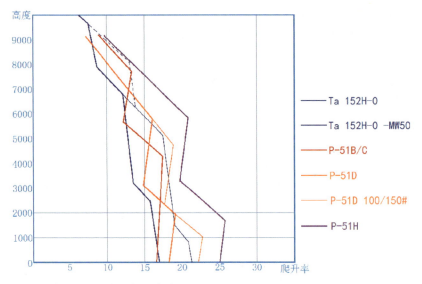

"野马"对 Ta 152，发动机功率对比。

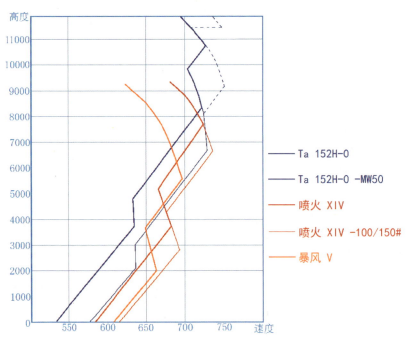

"喷火"和"暴风"对 Ta 152，速度对比。

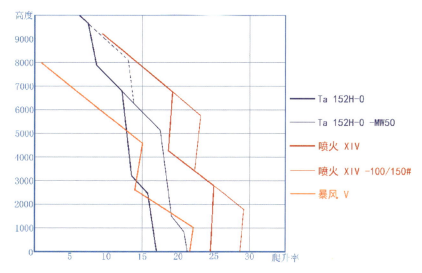

"喷火"和"暴风"对 Ta 152，爬升率对比。

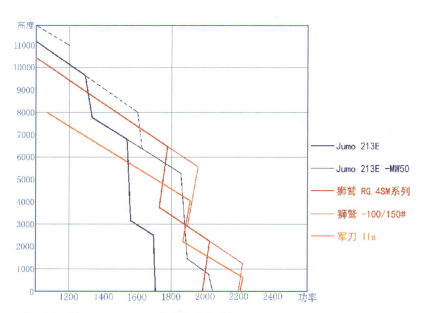

"喷火"和"暴风"对 Ta 152，发动机功率对比。